THE LAW OF
THE JUNGLE

丛林法则

徐志晶
-著-

·北京·

内 容 提 要

本书从脱离“舒适区”的困境、找到“最优焦虑区”、不进则退的法则、突破是迈出改变的第一步、正视本我及发挥自身的优势、认清自我及相对正确的道路、培养自己的韧性、将目标内化于行动等多个方面，详细讲述了在工作忙碌、人际关系复杂、事务琐碎、竞争激烈的现代社会中，需要将丛林法则作为底层逻辑，选择适合自己的方式在“社会丛林”中生活，不断进化，不断提升，不断超越自我，才能最终获得成功。

本书适合于广大读者日常休闲阅读。

图书在版编目（CIP）数据

丛林法则 / 徐志晶著. -- 北京 : 中国水利水电出版社, 2020.12

ISBN 978-7-5170-9207-0

Ⅰ. ①丛… Ⅱ. ①徐… Ⅲ. ①成功心理－通俗读物 Ⅳ. ①B848.4-49

中国版本图书馆CIP数据核字(2020)第235046号

书 名	丛林法则 CONGLIN FAZE
作 者	徐志晶 著
出版发行	中国水利水电出版社 （北京市海淀区玉渊潭南路1号D座 100038） 网址：www.waterpub.com.cn E-mail：sales@waterpub.com.cn 电话：（010）68367658（营销中心）
经 售	北京科水图书销售中心（零售） 电话：（010）88383994、63202643、68545874 全国各地新华书店和相关出版物销售网点
排 版	北京水利万物传媒有限公司
印 刷	天津旭非印刷有限公司
规 格	146mm×210mm 32开本 8.5印张 180千字
版 次	2020年12月第1版 2020年12月第1次印刷
定 价	49.80元

前言／奇幻森林，需要深度改变

1859 年 11 月，英国生物学家查尔斯·罗伯特·达尔文在其科学巨著《物种起源》一书中，告诉人们："在丛林中能够存活下来的物种，不是那些最强壮的种群，也不是那些智力最高的种群，而是那些对变化做出最积极反应的物种。"由此，"物竞天择，适者生存"的进化论思想被根植于人们心中。

此后，伴随着社会的发展，竞争的加剧，人们越来越多地发现，不独自然界的物种，生活在地球上的人类亦是如此。相对人类社会这个广袤无际的丛林，身处其间的个体，倘若不能适应环境的变化，由内而外地调整自己，锻炼生存技能，实现自我提升，对自己周围环境的变化做出最积极的反应，那么就会成为生活的弱者，轻易地被无情地淘汰，沦落为社会发展的牺牲品。

个体如何才能于社会丛林中获得生存的机会，成为强者呢？美国著名管理专家丹尼斯·韦特利告诉我们：个体只有具备强烈的自我意识，才能促发内在觉醒，让“不服输”根植于自己的内心，进而发自内心地愿意提升认识，愿意从不同的角度寻找不同的机会改变自己，最终于激烈的丛林竞争中获得成功，成为自己命运的主宰者。

所以，自我意识对于个体的成功起着至关重要的作用。成功学家拿破仑·希尔说：“一切的成就，一切的财富，都始于一个意念，即自我意识。”

何为自我意识？它对个体的意义何在？

自我意识（self-consciousness）亦称自我认知，心理学家威廉·詹姆斯指出，自我意识是个体对自身机体及其状态的意识，是个体对自己思维、情感、意志等心理活动的意识。它产生于个体与外部世界的交互作用。

自我意识是个体对自身社会角色进行自我评价的结果，是个体认识外界客观事物的动力，也是个体的自觉性、自控力产生的前提，更是个体进行自我教育的先决条件。

个体自我意识的强弱，直接影响着个体是否成功。个体只有具有了良好的自我意识，才能意识到自己的长处和不足，进而自觉自律地行动，发扬优点，克服缺点，取得积极的自我教育。同时，个体具有了自我意识，才能不断地自我监督、自我提高、自我完善，从而形成正确的道德观和优良的个性。而正确的道德观和优良的个性，是成功者必备的素质。

个体的自我意识源于对自身的认识和评价。心理学家马尔兹说，人的潜意识就是一部“服务机制”——一个有目标的电脑系统。因此，自我意识就如同电脑的程序，直接影响着个体的发展结果。倘若个体在自我意识中不断地否定自己，就会感受到失败和沮丧，由此必定遭遇失败的人生；反之，个体在自我意识中肯定自己，就会感受到喜悦、自尊、快慰与卓越，进而收获成功的人生。

心理学家艾里克森在其心理社会发展理论中指出，自我意识的发展贯穿人的一生。个体要在社会丛林中生存下去，不断提升幸福感，收获成功的人生，就需要不断提升，改变自我意识，强大自己。

自我意识心理学的先驱普莱斯科特雷奇以数千名学生为研究对象，用实验证明了自我意识对个体改变的重要性的实验。实验结果表明，倘若个体能改变不恰当的自我意识，树立正确的自我观念，改变自我评价，实现自我控制，就可以提升自我能力，改变当下的不良处境。

因此，个体要在社会丛林中有所成就，就要全面地完善自我意识，让一个适当又现实的自我意识相伴终生。这就要求个体要能接受自己，拥有健全的自尊心；要能信任自己，并不断地强化和肯定自我价值；要能自由地有创造性地表现自我，而不是逃避现实，隐藏自我；要让自己身处社会丛林中，恰如其分地发挥自己的作用。

最重要的是，个体要能客观地认识自己，发现自己的长处和弱点，且积极现实地对待它们。如此一来，个体的自我意识就会在对自我扬长避短的基础上日臻完善而稳固，获得“良好”的自我感觉。

一个自我感觉良好的个体，必定是自信且自由的，他不会为外物所困，不会因舒适区的同化而丧失自我价值，也不会在“鸟笼”中失去自我，更不会让与生俱来的攻击性退化。

一个自我意识不断发展完善的个体，不会于落魄中自我否定，不会压制自己的能力，浪费自己的天赋本能，不会让自己身处忧虑、恐惧、自我谴责和自我厌恶中，不会扼杀自己的生命力，而是会主动进取，让自己发生深度改变，正视“恐惧区”，勇于迈出改变的第一步，让自己如同“飞轮”一样飞起来，实现自己的人生价值。

如此一来，伴随着个体的自我意识不断发展并完善，个体就可以掌控自己的人生，科学而合理地扩大“心理舒适区”，乐于主动进入学习区。最终，于弱肉强食的“丛林”中找寻到真正属于自己的丰富的人生、幸福、成功、平静以及内在的崇高目标，进而体验到幸福、自信、成功等饱满的感情。

所以，每一个个体都要学着让强大的自我意识帮助自己在丛林竞争中保持竞争力。如同“近 20 年来最有创造力的作家”华莱士在一次演讲中告诉我们的：在烦琐无聊的生活中，时刻保持清醒，认识到自己的所长所短，知道自己的成长需要，不让自己被杂乱、无意识的生活拖着走，而是自己掌控生活。

诺贝尔文学奖获得者——英国作家约瑟夫·鲁德亚德·吉卜林（*Joseph Rudyard Kipling*，1865—1936）在其创作的《丛林之书》（*The Jungle Book*）中有这样一段话：

“Now this is the Law of the Jungle—as old and as true as the sky; And the Wolf that shall keep it may prosper, but the Wolf that shall break it must die. As the creeper that girdles the tree trunk, the law runneth forward and back, For the strength of the pack is the wolf, and the strength of the wolf is the pack.”（这就是丛林法则，如苍天一般古老和正确。遵循它的狼将繁荣昌盛，违背它的狼必将招致灭亡。如同缠绕树干的藤蔓一样，森林法则源远流长。狼群的力量来源于狼，狼的力量也来源于狼群。）

作品中的男孩毛克利，面对丛林中其他动物或敬畏或恶意的眼神，在不断地学习中成长，慢慢地学会在丛林中立足、谋生，不断地提升自己的能力，在慢慢地体会到何为丛林法则的同时，借助于自身的努力获得了应得的尊重，以及在丛林中的生存权。

生活在“丛林”中的我们，又何尝不是不断成长的孩子？要获得怎样的人生，端看你如何改变自我意识，怎样理解丛林法则。

你可以选择奋斗，于激烈的丛林竞争中提升自己，高居食物链的顶端；你可以选择尽职和遵从，过着平淡无奇，带着几分挣扎的人生；你可以选择退缩，在激烈的竞争中不断退步，最后退无可退，让人生陷于困境，直至死亡。

现在，是时候花一点儿时间完成下面这个小测试了：

请你闭上双眼，想象自己正于清晨的森林公园里漫步。走着走着，你的眼前出现一个小屋，你满怀好奇地走进去，发现屋子里有许多面镜子。现在，你在观察周围时发现了什么？请你在提供的选项中做出相应的选择。

A. 除了自己的影子，没有其他人

B. 可以看到周围很远的地方零星有几个游客在参观

C. 周围不远处有几个游客在参观

D. 你的周围聚集着很多人

请对照下面的分析，反思自己：

选择 A 的你是一个自我意识特别强的人，你习惯于将自己看作注意的中心，其他人或事物极难引起你的关注和兴趣。

选择 B 的你是一个相当理性且界限感比较强的人，你能将自我与他人划分得相当清楚，能给自己留有一定的自我空间，并相当注重自己的知识面和思索能力，凡事能坚持独立思考，不会轻易被他人的意见左右。

选择C的你是一个虽然拥有自我意识但并不很强烈的人。你在大多数情况下会忽视“自我”，甚至有的时候完全无法注意到自我，因此遇事不果断，没主见，极易受他人意见的影响。

选择D的你是一个相当缺乏自我意识的人。你在日常生活中过分依赖他人，害怕孤独，凡事喜欢听从他人的意见，极少独立思考，缺乏独立性。

下面，请你翻开本书，在阅读的过程中，认清自己，学会用心理学的目光观察自己，学着由内而外地改变自己，强大自己的内心，不断地提升自己的自我意识，修炼自己的本领和能力。相信在不久的将来，你定会在竞争激烈的“丛林”中，成就自己。

04 扩大舒适区 突破，改变的第一步

05 正视本我 找回，与生俱来的本性

06 认清自我 你，比想象的更优秀

07 跳出怪圈 让，人生重新开始

01

自我困境

舒适，就像温水煮青蛙

舒适区的牢笼

心理学家研究发现，一个人在认识外部世界时，会经历三种心理状态：最初是恐慌，无所适从；继而开始慢慢地观察、学习和成长；最后则是接受并适应。于是他们将人的心理状态划分为恐慌区（stress-zone）、学习区（stretch-zone）和舒适区（comfort-zone）三个部分。舒适区这一名称由此产生，它是指某个人对于某种行为模式或是心理状态感到习惯和舒适。

尽管舒适区因个人的感受不同而表现不同，但总的来说，它表现为拥有谈得来的朋友，舒适的工作或生活环境，想要的作息时间，以及得心应手的工作内容和娴熟的解决问题的套路。身处这样的环境或状态，一个人会远离痛苦和焦虑，获得足够的安全感，进而产生日本作家村上春树形容的那种“抛舍不下这份舒适惬意的温暖，就像寒冬的早晨不敢钻出热乎乎的被窝一样”的感觉。这种感觉让人放松自在，因此相当多的人顺理成章地为自己营造出一个舒适区，且将其当成自己心理上的避风港、精神上的调节剂。

不过，舒适区当真是世外桃源吗？著名的水煮青蛙实验或许会给我们一定的启示。

19世纪末，美国康奈尔大学的科学家做了水煮青蛙实验。科学家将青蛙放入冷水中，青蛙开始时是静止的，仿佛进入冬眠状态。接着，科学家将水略微加热，青蛙因为水温变得舒适开始在水中悠然自得地游动。慢慢地，水温虽然越来越高，但青蛙却浑然不觉。直到水温缓慢地升到40℃以上，青蛙终于意识到了，试图挣扎跳起，却心有余而力不足，最终被煮死了。

处于舒适区中的人，大概就如同实验中的青蛙一样。长时间的舒适让他们获得了精神和肉体上的满足，浑然忘我，不知良园虽好，却非久栖之地，最终消磨了斗志，失去了翻身的机会。

为此，心理学家阿拉斯代尔·怀特针对舒适区给出这样的警告：一个人倘若一直停留在舒适区，则很难取得长足的发展。这是因为舒适区对生活于其中的人具有同化作用。

所谓同化，是指个体对所获得的信息进行转换，使之符合自己的认知方式。心理学研究表明，机体是一种由物理到化学的动态过程的循环，这种循环与环境保持着稳定的关系，双方相互作用，产生新的循环。处于某一环境中的个体，会对这一环境经历由物理到化学的动态的循环过程。这一过程，我们称为适应，也可以称为习惯。

如同青蛙适应水温的变化一样，当个体长时间地处于舒适区，做事得心应手，凡事如其所愿，就会消除不自在感和恐惧感，久而久之，由于同化作用，就会产生如同待在母亲子宫中的婴儿一样的稳定、自在、依赖之感，最终就像注射了麻醉剂，虽然可以暂时忘记痛苦，但对解决问题和突破局限不能提供任何帮助，结果就是身处危楼而不自知，一有任何风吹草动，便会摔得粉碎，取而代之的是脆弱、无能、封闭和自我价值感的丧失。

电影《肖申克的救赎》里，图书管理员老布就是一个典型的例子。老布在监狱里待了大半辈子，在那里，他拥有自己的一群朋友、习惯的交流方式和解决问题的方法，以及他人的尊敬。等终于获得假释，走出监狱大门后，他才发现，在这个他向往了很久的自由世界里，自己无事可做，无人可交，得不到他人的尊敬，失去了熟悉的舒适感，更找不到存在的意义。最终，他选择了上吊自杀。

可以说，舒适区成了困住老布的牢笼，切断了他与社会的联系，让他无法适应外界自由的生活，让他故步自封，画地为牢，慢慢地迷失自己，丧失了自我价值感，而这些最终杀死了他。

在现实世界中，像老布一样的人并不少见。尽管他们并不曾像老布一样身处实际的监狱中，甚至在最好的年华里打下了一片天地，并在此后立下雄心壮志，坚信自己终有一天会一鸣惊人，一飞冲天。然而当长时间地停留在舒适区后，他们逐渐迷失了自己，开始过着得过且过的生活，宁愿日复一日地抱怨，也不愿去尝试改变，结果蹉跎了岁月，丧失了自我价值感，徒留一眼就能看穿的生活和太多的心酸与不甘，沉陷于不见铁窗高墙的心理牢笼中。

Facebook（脸书）是一个颇具影响力的社交工具。当众多人在其上发表感想、展示自我的时候，他们却不知道，早在它出现之前，一个叫尼尔·肯尼迪的人，也曾为这样的超前创意网站雄心万丈，并宅在家中为之努力工作。

尼尔是一个相当内向、害羞的人，且毫无工作经验。于他而言，走出去和他人交流，走进那些投资人的办公室，向他们宣传和推介自己的产品，是一件非常不舒适、非常不可思议的事情。于是他选择了自己喜欢的工作模式——闭门造车。就这样，他在自我感觉舒适的环境中，在相当长的时间里，做着调整和完善网站的工作。直到扎克伯格的团队将脸书开发出来，引来投资，开始面世，尼尔的网站还没能“出世”。

尼尔·肯尼迪失败的原因，就在于他进入了心理舒适区，没能实现突破和提升自我。由此可见，一个人一旦对自己所处的状态少了清醒的认知，就会多了太多的满足；一旦对自己缺乏严格的自律，就会多了更多的放松和懈怠，结果会慢慢地被舒适区同化，忘却从前立下的志向，忽视了周遭的改变，更疏忽了个人的提升。伴随着能力的降低，他们开始恐惧变化，对于外界信息和环境的改变持拒绝和否定的态度，对新生事物的接受表现出低能和无力。这种低能和无力，又会让他们产生内心的焦虑和不安，进而出现退缩行为，进一步拒绝走出舒适区，更加深入自我限定区。就这样，周而复始，直至自我价值感完全丧失，“只是自己的影子。此后的余生则是在模仿自己中度过，日复一日，更机械、更装腔作势地重复他们在有生之年的所作所为、所思所想、所爱所恨”，直至在强手如云的丛林中失去自己的位置，耗尽自己的一生。

当你满足于自己生活环境的优越，享受于工作的清闲，发现自己越来越懒于改变，越来越喜欢沉醉于自己的世界和熟悉的圈子，越来越找不到前进的方向的时候，或许你就正在被舒适区同化。此时你要意识到，身处群体中，只有不断地学习，不断地精进，不断地提升，你才能在提升自我价值的同时，增加自己的核心竞争力。

走出舒适区，让自己发生深度改变。唯其如此，你才能于危机重重的丛林中找到自己的位置，实现自己的价值。

消失的自我意识

20 世纪初的美国心理学家詹姆斯曾与好友打赌，称自己有办法让根本不打算养鸟的朋友养一只鸟。众所周知，他的这个好友根本不喜欢养鸟，因此大家都不相信他的话，认为他在吹牛。因为在大家看来，没人可以在违背自己本心的情况下，做自己根本不打算做的事情。然而，事实上，没过多久，詹姆斯预言的事情果然发生了——这位朋友竟然真的养了一只鸟。詹姆斯究竟是怎么做到的呢?

原来，詹姆斯在打赌后的几天，给好友送去了一个漂亮的鸟笼，并要求好友把鸟笼挂在家里显眼的地方。从此之后，每一个来朋友家的人都被这只空空的鸟笼吸引，都好奇地问出了同样的问题:“为什么要挂一只空鸟笼呢?”“笼子里的鸟去哪儿了?”

最初,朋友相当耐心地向客人们解释挂空鸟笼的原因,但时间长了,他开始感到厌烦,甚至差点儿被客人们相同的问题逼疯。最终,为了不再回答同样的问题,他只好去买了一只鸟放入鸟笼,以便让鸟笼的存在变得顺理成章。就这样,詹姆斯最终获得了胜利,以间接的方式,赢得了对好友的生活的控制权。

事实上,詹姆斯的成功,就在于他借助于一个小小的道具和众人之口,成功地控制了好友,使朋友在空鸟笼面前失去了自我意识,成为被他人牵着鼻子走的傀儡。由此可见,一个人一旦失去自我意识,该有多么可怕。

那么,何为自我意识?自我意识之于个体有着怎样重要的作用呢?

所谓自我意识,就是个体对自身存在状态的认知,是个体对自身社会角色进行自我评价的结果。它对个体有着相当重要的意义。一方面,它是个体认识外界客观事物的条件,另一方面,它又是个体自觉性、自控力的前提,推动着个体进行自我教育。

约翰·辛德勒曾说:“一切的成就,一切的财富,都源自一个意念,即自我意识。”这句话相当形象地道出了自我意识之于成功的重要性。具体来说,个体只有具有了良好的自我意识,才能意识到自己的长处和不足,进而自觉自律地行动,发扬优点，克服缺点，取得积极的自我教育。同时，个体具有了自我意识，才能不断地自我监督、自我修养、自我完善，从而形成正确的道德观和优良的个性。而正确的道德观和优良的个性倾向，是成功者必备的素质。

一项针对 72 名高管的调研发现：一名领导者，其高度的自我意识往往与取得高度成功正相关。因此，一个具有较高领导力的领导者，其首要的因素就是有极强的自我意识，因为只有自我意识强的人，方能具备敏锐的头脑，能正确地认识自己，摆正自己的位置，进而发现下属的出色，能容得了下属超越自己。

相反，当个体缺乏正确的自我意识，就极易表现为两个极端，或是极度自卑，不能客观地看待自己，一味地否定自己，从而丧失了自我价值感，做事畏首畏尾，不能体现自我价值；或是极度自大，过高地抬升自己，否定他人，从而在遇到问题时外归因，失去了改正和提升的机会，招致失败或痛苦。总之，无论是哪一种缺乏自我意识的表现，招致的都是自我价值感的贬低，甚至自我认知错位，失去自我。

一个具有良好自我意识的个体，要能够客观地看待自己，正确地认识自己的个性、能力、需要，进而对自己的思想和行为进行自我控制和调节，使自己形成完整的个性，最终对自己进行准确的定位。如此一来，一方面可以确保自己在社会生活中免遭过多的挫折，另一方面可以确保自己在遭受挫折后，能科学地进行自我心理调节，使心理状态保持良好的水平。

瑞士人阿里·诺克被誉为“把脚步留到白云上的人”。这个出生在一座山区小镇上的瑞士人，就是凭着不断地调整心理状态，提升自我意识，获得成功的范例。

诺克小时候极其胆小，恐高，甚至不敢爬二楼。在学校，当其他人在爬上爬下玩得不亦乐乎时，诺克唯有对窗发呆，或在平地上活动一下。一次放学回家的路上，同行的几个同学都爬上了一个高高的大岩石，看到诺克在岩石面前畏缩不前，他们嘲笑他为“胆小的小虫子”。伤心至极的诺克回到家后，忍不住问父亲，为什么别人都能爬到大岩石上去，自己却不行？父亲告诉他，并非他不够优秀，只是因为他内心的一个叫“勇气”的东西不够强大。

为了将勇气滋养长大，让自己不逊于他人，诺克开始行动起来，他先从爬上家门前的一块大约 2 米高的大岩石开始。他开始时战战兢兢，到后来终于手脚并用地爬上了那块大石头。当他站在大岩石顶上的那一刻，他想：我把勇气养大了。从此，诺克不断地滋养着自己的“勇气”，不断地肯定自己，他发现自己的勇气在成长。继征服了家门口的那块大岩石之后，他先后征服了自家的院墙、房顶。他感觉自己如同一只小鸟，需要一个更大的空间翱翔！

在随后的几年时间里，诺克登遍了家乡附近的一些大山。中学毕业的时候，他已经成了当地小有名气的登山运动员。又三年后，他能够在一米多高的钢丝上，手握一根平衡棍轻松地来回走动数小时。2011 年 8 月 24 日到 9 月 6 日，诺克在不设任何保险措施的前提下，先后在德国、奥地利与瑞士境内的数座海拔逾 3000 多米的高山缆车缆索上完成表演。

著名心理学家马尔慈说，人的潜意识是一部“服务机制”，即一个有目标的电脑系统。而一直影响这一机制运行和结果的电脑程序就是人的自我意识。当个体的自我意识认定自己是一个不成功的人，个体就会不断在自身心里的荧光屏上展现一个垂头丧气、难当重任的自己，进而从内心接受自己是一个“没出息、没有长进的家伙”之类的负面信息。长期下去，个体就会体会到沮丧、自卑、无可奈何与无目标，从而认定自己在现实生活中会“命里注定”不成功。相反，倘若个体在自我意识中认定自己是一个成功人士，那么个体就会不断地在自己内心的荧光屏上反复看到“踌躇满志、不断进取、敢于面对、禁得住挫败和承担强大压力……”等肯定的词汇，听到“我做得非常好，因为我之后还会做得更强”之类的自我激励和肯定的信息，并感受到欣喜、自尊、快慰与非凡。长期下去，个体在现实生活中就会产生自己“命里注定”会取得成功的意念。

这就是自我意识对个体产生的心理暗示。由上可知，就本质而言，自我意识决定着个体对自身的反省与认识，让个体能具有高度自我控制、自我完善的功能，进而参与到社会生活中，将自己当作一个相对于外部世界的独立的个体。当个体的自我意识不断提升，其自我价值感也将不断提升，进而会获得自我肯定，获得成功的信心和进取的勇气。

缺失的攻击性

经典精神分析理论指出，攻击性是人类与生俱来的本性，这一点和动物没有根本性的差异。就像丛林法则指出的，在原始丛林里，为了争夺宝贵的资源——食物或水，所有的动物都会竭尽全力地攻击对方，甚至为此丢掉性命。倘若某种动物缺乏攻击性，就必然面临死亡的威胁。可以说，内在的攻击性决定了你死我活的结局，也是动物必备的生存能力。

伴随着人类开始接受文明教育，变得知礼守节，尤其在接受儒家教育的中国，攻击性在某种程度上成了一个负面的词语。一个人一旦在他人眼中成为具有攻击性的人物，就会成为众矢之的，几乎人人避之如蛇蝎。同时，一旦在生活中提到攻击性，相当多的人首先想到的就是对他人肉体，或精神上的伤害，甚至造成他人生命的消亡。因此，一旦某一个体被评价为具有攻击性，即意味着他人给予了其负面评价，甚至是对其个人的一种否定。这就直接造成了人们对攻击性的惧怕，并由此压抑或否认自己的攻击性，甚至为自己内心产生的攻击性而内疚或自责，结果就导致人类与与生俱来的攻击性逐渐剥离。

心理学的相关研究证明，攻击性作为生命的基本动力，它需要表现出来，不能永远压抑在内心。过度压抑内在攻击性的本能，而不是采用合理的方式表达出来，会让向外的攻击性的负能量向内产生压抑和破坏作用。

当然，事物具有双面性。当个体的内在攻击性接受现代文明教育的影响，一旦以一种正能量的形式出现，它就会成为个体奋斗与获得成就的必不可缺的驱动力。简言之，它的表现形式之一就是科学而合理地表达攻击性的竞争。

心理学家做过一个关于骑自行车的实验，让一个人分别在三种不同的条件下骑自行车。第一次是让这个人单独骑自行车，测得其骑行的平均速度是 25km/h。第二次是让他在一个跑步的人的伴随下骑自行车，结果此人骑行的平均速度是 31km/h。第三次则让他和其他人一起进行骑行比赛，结果此人的平均速度达到了 32.5km/h。

从实验结果可以看到，同一个人在不同的条件下骑自行车，速度却存在着巨大的差异。分析其中的原因，就在于因他人的存在而引发的竞争心理。正是这种竞争心理，让个体即使在没人强调结果的情况下，也会激发其内在的竞争心理。可以说，这种竞争心理就是其内在攻击性的本能体现。不过，这是攻击性作为一种正能量的体现。

攻击性的这种正能量体现，恰恰是推动个体和社会不断前进的动力。当人与生俱来的攻击性得到科学合理地表达，使之向外伸展时，它就会让个体呈现蓬勃的生命力。

职场竞争的激烈是众所周知的。据一项针对数万名职场人士的调研，在职场上，那些混得风生水起的人，似乎都是争强好胜、行事果断、不易相处的人。而那些以和为贵、左右逢源、亲和力强的人，往往混得不尽人意，尽管他们容易与他人相处，但其工资收入却低于前者 20%。这真是一个相当可怕的数字，这一数字需要一个人在职场中付出多大的精力和努力才能弥补啊。

或许有人认为不公平，但这恰好告诉我们，在职场上，保持竞争意识，不要让自己与与生俱来的攻击性逐渐剥离，才能让我们在有限的资源中获得最大的利益，让自己获得多于他人的机会。

年轻的艾伦·坡大学毕业后，过五关斩六将，最终成功地进入某影视公司，成为一名助理。入职后，他深知自己资历浅，经验不丰富，公司的一些重要的资源不会倾斜给自己。为此，他给自己树立了明确的拼搏目标：尽一切可能配合老板的工作，不怕出差或加班，只为获得成长的机会。就这样，相比同期的其他新人，艾伦不是一味地维护人际关系，更不会做滥好人，而是兢兢业业地完成自己的工作——安排好老板每天的相关工作，提前为老板准备好次日的工作材料，随时应对可能发生的计划外的事情。这样的工作，让他忙得如同陀螺，披星戴月地回到家成了常态。

就这样，艾伦在工作中及时地总结，不断提升自己的能力。半年后，他不但适应了公司高强度的工作，而且在处理日常事务和对外工作中提升了能力，积累了许多宝贵的经验。两年后，艾伦与同期的杰克展开了激烈的竞争，最终他凭着过人的能力，积极的表现，巧妙地击败了杰克，让自己成为老板的左膀右臂。三年后，羽翼丰满的艾伦在老板的推荐下，成为独当一面的管理者。

艾伦的成长经历告诉我们，个人要发展，当然要适应环境，但不能一味地委屈自己，做人见人爱的螺丝钉，还要保持自己与生俱来的攻击性，敢于表现自己，敢于在机会面前去争取，如此方能抓住稍纵即逝的机会，让自己获得成长。

因此从这一意义上，个体要适应外界环境的变化，要在险象环生的社会丛林中找到自己的生存之道，就要发展自己，提升自己，让自己保持与生俱来的攻击性。须知，面对变化多端的环境，攻击性在其中发挥着物竞天择的作用。个体要想获得竞争的成功，就要永葆自己与生俱来的攻击性，并在残酷的竞争中适时、科学地展露锋芒。因为一个人一旦让自己内在的攻击性逐渐剥离，就会逐渐丧失竞争力和斗志，结果就会在所谓的不争、不变的心态影响下，无法适应激烈的竞争，最终成为别人成长路上的踏板。

所以，社会丛林中的个体，要想获得生存的机会和空间，除了提升自己的实力外，还要保持自己的攻击性，科学地利用其内在的正能量，自觉提升自己的能力，灵活转换自己的角色，不断提升自己生存的智慧、手段，以及适应世界的能力，进而实现适者生存。

“丛林法则”式人生

美国心理学之父威廉·詹姆斯提出自我和自我意识的概念，并指出自我是个人心理宇宙的中心，个体的一切心理活动均与自我相关。自我的意识化反映就是自我意识（self-consciousness），是个体对自身的意识，包括对自身机体及其状态的意识，对自身肢体活动状态的意识，对自己的思维、情感、意志等心理活动的意识。

就个体的生命过程而言，自我意识产生于个体与外部世界的交互作用。可以说，自我意识的产生，让人成为系统论所说的一个具有高度自我控制、自我完善功能的有组织系统。当个体自我意识越强，其自我控制、自我完善功能也会越来越强，遇到外界的挑战时，会科学地思考问题，做出决断，采取行动，从而寻找到自己的社会角色，获得自己的社会地位。正是基于自我意识的影响，不同的个体在社会发展中，甚至在相同的社会环境中，有着千差万别的表现。所谓“疾风知劲草”，当个体处于激烈的竞争环境中时，自我意识的强弱甚至直接决定着个体的生存、发展和死亡。

这一心理学理论，经自然学说的发展，得以不断提升和演化，最终形成了人类社会的丛林法则。

1859 年 11 月，查尔斯·罗伯特·达尔文发表了自己 20 多年的研究成果——科学巨著《物种起源》。这本书一经面世，就以全新的生物进化思想推翻了“神创论”和物种不变的理论，将“物竞天择，适者生存”的进化论思想根植在人们心中。而人们借助于对自然界的事物的观察，也发现了这一理论的合理性。

在茂密的丛林中，一棵大树尽力伸展着自己的枝干，尽可能地占有着有限的空间，以便自己能呼吸到最新鲜的空气，享受尽可能多的阳光的照射。它努力将根系向下扎去，以尽可能地汲取大地的精华。于是它长得越来越茂盛，越来越粗壮，越来越伟岸。相反，生长在它旁边的小草，则由于得不到更多的阳光和雨露的滋润，变得枝干瘦弱，叶片干枯。

后来，这一来源于自然界的生存法则，被人们更多地应用到了人类社会中，成了社会丛林法则。这一社会丛林法则揭示了如下原理：在人际社会中，大到国家、政权，小到企业、个人，只有与时俱进，不断调整自己，以适应社会发展的需要，才能适应激烈的社会竞争，获得发展。

商业领域的人几乎无一不了解“柯达死，富士生”这个经典案例。而富士之所以可以生，就是因为企业价值观的胜利。更进一步说，是富士当时的领导者——古森重隆的自我价值观的胜利。

古森重隆，是富士在数码时代转型期的领导人。他有着让人印象深刻的王者之气。而这份王者之气就源于其极高的自我价值感。正是凭着这份极高的自我价值感，他不但能让自己于激烈的竞争中脱颖而出，也让自己引领的富士胶卷成功转型。而他的成功，源于其奉行的绝不服输的人生哲学，正是这种人生哲学让他在激烈的社会丛林中得以实现自我的价值。

古森重隆在《二次创业》一书中谈到自己的成长历程，回忆了自己童年的成长经历。幼年的成长经历让他清楚地感受到失败的辛酸和凄惨，这也让他坚定了一种信念：只有培养真正的实力，才能在竞争中稳居上风。从此，“不服输”这一信念就成为他的人生哲学。在这种信念的支撑下，他不但成功地考入东京大学，而且于毕业后加入富士胶片。

进入富士胶片后，凭着“不服输”的信念，他不断地提升自我价值。他从工作轻松的经营策划部，主动要求到一线的产业材料部。这一选择，得以培养敏锐的目光，让他能够在胶卷业务鼎盛时期，深入观察公司的技术基因，进而预感到胶卷行业将会为数码化颠覆，并不断向公司总裁提出开拓新的发展领域的建议，从而让富士胶片进军更多新领域，并很早就进行数码化技术的自主开发。

2003 年，已经一路升至公司高层的古森重隆，成为公司的 CEO。此时，数码技术以摧枯拉朽之势席卷胶卷市场，富士的胶片业务见顶，古森重隆面对的是极其严峻的市场形势，可谓非生即死。古森重隆再次用“不服输”的信念开始了富士的改革，也开始了自己的人生新篇章。他果断地将约占全球三分之一的胶卷业务裁去，将原本在公司内部处于边缘，甚至数次面临被砍掉的“偏光板保护膜”业务提升到公司战略的高度。最终，这一业务的开发和拓展在很大程度上弥补了胶卷行业的损失。

除此之外，古森重隆还积极寻求新兴业务，将目标圈定在生物医药、化妆品、高性能材料等增长可能性巨大的领域，在数码影像、光学元器件、高性能材料、印刷系统、文件处理、医疗生命科学等行业转型或开拓。就这样，富士胶卷在获得不断成功的同时，古森重隆的人生也得以不断焕发光彩，其自我价值得以不断体现和提升。

古森重隆曾说过：“只有适应环境的变化才能生存，如果不变的话就不会有未来。”这句话不但道出了富士和他个人的成功秘诀，也验证了丛林法则所道出的“物竞天择，适者生存”的道理。

在人类社会的发展历程中，倘若个体不能适应环境的变化，由内而外地调整自己，坚定“不服输”的信念，那么就极易在激烈的竞争中成为生活的弱者，进而沦落为社会发展的牺牲品。为此，美国著名管理专家丹尼斯·韦特利在《成功心理学》中提出，自我意识、自我引导、自尊、积极思考、自律、自我激励、积极关系是成功的七要素。这七个要素是按自我的发展过程排列的，其中自我意识之所以排在首位，是因为一个人只有内在提升认识，促发内在觉醒，才能发自内心地追求成功，才能让“不服输”根植于自己的内心，进而从不同的角度，寻找不同的机会提升自己，如此方能于激烈的丛林竞争中获得成功。

测试：你的自我价值感

个体的自我价值感与自我意识存在着极其密切的关联，而这种自我意识又影响着个体的竞争性，进而决定着个体在激烈的社会丛林中能否生存下去。那么，你的自我价值感如何呢？让我们一起从自我意识的角度，全面衡量自我价值感。

自我意识测试

阅读下列陈述，在恰当的空格中打“√”，以此表示自己对每一项的符合程度。

项目 \ 符合程度	极不像我	不大像我	似像又不像我	有些像我	非常像我
1. 我一直试图了解自我					
2. 我关注自己的行事作风					
3. 一般而言，我能很好地认识自己					
4. 我常常注意反省自己					
5. 我关注表现自我的方式					
6. 我经常是我自己幻想的对象					
7. 我经常审视自己					
8. 我对自己的外在形象有自我意识					
9. 我通常留意自己的内在感觉					

续表

项目 \ 符合程度	极不像我	不大像我	似像又不像我	有些像我	非常像我
10. 我通常为给他人留下好印象而担心					
11. 我不断检查自己的动机					
12. 我出门前做的最后一件事是照镜子					
13. 我有时会有种远远观察自己的感觉					
14. 我重视别人对自己的看法					
15. 我对自己情绪的变化保持警惕					
16. 我通常会意识到自己的外表					
17. 研究问题时我能意识到自己的思考方式					

得分:“非常像我”4 分,“有些像我”3 分,“似像又不像我”2 分,“不大像我”1 分,“极不像我”0 分。将 17 条陈述的评分加起来,评分越高,代表自我意识程度越高。

资料来源：改编自 A.Fenigstein.M.G.Scheier and A.H.Buss. “Public and Private Self-consciousess: Assessment and Theory.” Joural of Consulting and Clinical Psychology 43(1975): 522—527.

自我价值感测试

自我意识影响着自我价值，下面是对自我价值感的一项测试，请阅读下面的题目，并依据自己的情况来回答。

项目　　　　符合程度	非常相符	大致相符	不相符
1. 大体上对自己感到满意			
2. 有时感觉自己非常无能			
3. 觉得自己有很多优点			
4. 一般人能做好的事，自己也能做好			
5. 觉得自己没有值得骄傲的地方			
6. 有时感觉自己毫无作为			
7. 觉得自己至少要有与别人相同程度的价值			
8. 觉得自己要能更尊重自己一点儿就更好了			
9. 觉得好像无论做任何事都做不好			
10. 所有的事都会向好的方面想			

评分："非常相符"2分，"大致相符"1分，"不相符"0分。

0～6分，低自我价值感。对自己缺乏自信，不会主动为自己争取机会，对自己的尊重程度欠缺，可能会感受到别人对自己不够尊重，平时比较容易焦虑，情绪容易低落，自我价值感迫切需要提升。要纠正自己在自我认识上存在的偏颇，要认识到自己的价值，并在自我欣赏、自我关爱和自我肯定方面不断提高，带着勇气去尝试和实践，在实践中肯定自己的进步。

7～8分，中等程度的自我价值感。对自己有些自信，但在某些方面信心不足，在自我尊重和赢得他人尊重方面有些欠缺，可以在带着勇气的实践和尝试中，继续强化自我肯定、自我关爱和自我尊重。

9分以上，高自我价值感。你对自己是充满信心的，你会主动为自己争取机会，而且你的运气似乎总是不错，你会尊重自己，也会因此赢得别人的尊重。你也懂得关爱自己，相信自己，相信自己的直觉和选择。

02

最优焦虑区

没事儿，别思考人生

找到“最优焦虑区”

我们知道，个体处于舒适区时，由于其活动及行为符合环境或大多数人认同的常规模式，可以最大限度地减少压力和风险。身处这样的空间，个体的压力得到缓解，处于低焦虑的状态，因此会感觉放松，找到心理安全感，进而获得寻常意义上的幸福感。这种状态的好处是毋庸置疑的，它一方面满足了人们的控制感和安全感，另一方面也满足了人们内心的成就感。

然而，舒适区真的如此美好吗？在本书的第一章中，我们探讨了长期处于舒适区中，一方面，人会被舒适区同化，进而失去进取心和竞争意识，甚至逐渐消耗自我意识，继而逐渐剥离其内在的攻击性，直到无法适应社会的竞争，失去了自己的人生位置；另一方面，长期处于舒适区内，个体会慢慢变得自私自利，对当下的生活产生厌倦和不满。可以这样说，“没人因为不舒适而死，但活在舒适的名义下却会比其他所有一切加起来都要扼杀掉更多的想法，更多的机会，更多的行动，以及更多的成长。舒适杀死一切”。

舒适区无法给予个人成长足够的动力，因为它会消耗直面变化的反应能力，杀死创造力和生产力。个体要做到自我提升，就势必要突破舒适区，让自己进入最优焦虑区，保持适度的焦虑。

何为最优焦虑区？要了解这一概念，首先要明确焦虑及其来源。焦虑是人对现实或未来事物的价值特性可能出现严重恶化趋势所产生的情感反应。作为人类最基本的情绪之一，它引导个体积极而快速地采取各种措施，紧急调动各种价值资源，从而有效地阻止现实或未来事物的价值特性出现严重恶化的趋势，使之向着利好的方向发展。

然而，现实生活中，却有太多的人因为过度焦虑导致身心疾病，甚至给自己的人生造成极大的困扰。比如美国于 2014 年展开的一项关于美国人大量购买防晒霜的原因的研究，结果表明，促使人们做出这种行为的原因是出于对皮肤癌的焦虑。换句话说，这种对患病的担心促使人们采取了过度遏制以扭转不利结果的行动。

所谓存在即合理，焦虑的存在也有其合理性，无论是对于个体还是群体，适度焦虑都具有积极的推动作用。要发挥焦虑的积极作用，就需要人们正确地认知和利用最优焦虑区。所谓的最优焦虑区，是指人处于一种比舒适区的普通状态所承受的压力略高一些的相对承压和焦虑状态。在这种状态下，人的身心始终处于既舒适又不失紧张的状态，既能享受放松的愉悦，又有突破自我的压力和动力，其行为处于一个稳定的水平的相对舒适状态，却可以让人获得最佳的表现。

这是因为最优焦虑区包含着最近发展区和压力的相关原理。维果斯基在其提出的最近发展区理论中指出，人天生具备某些潜能，但这些潜能只有在特定的条件下才能被激发出来。而这种特定的条件之一就是个体内部产生的或外界条件产生的适度的压力。研究表明，适度的压力有助于挖掘个人潜能，最大限度地发挥自身水平。这是因为在压力状态下，个体会产生焦虑情绪，而焦虑情绪则具有催人前进的功能。正如波士顿大学焦虑及相关疾病研究中心的创始人大卫·巴洛在其所著的《焦虑与焦虑失调》中所说，焦虑能“对潜在的危险情况发出警告，并激发内在的心理机制。这些机制非常重要，因为它们可以让我们进入‘更高级、更成熟的功能层面’”。

压力引发焦虑的这种功能，在人们科学而合理的运用下，可以让个体获得预期的目的。比如在斯坦福心理学家及作家 Kelly McGonigald 的著作《巧对压力》(*The Upside of Stress*) 中，她谈到了一个心理学教授的足球队友们每每要上场时都会把赛前压力看成“热情”和“兴奋”的精神状态。统计结果显示，这种方法总是能发挥神奇的功效，助力该球队获得胜利。作者侧重于强调压力与焦虑在开发人的潜能方面的作用，也是合理利用压力产生的最优焦虑区提升人的潜能上的作用的实例。

美国速旅公司的 CEO 米歇尔用其自身的经历，更是成功地诠释了适度焦虑之于个体发展的重要性。

米歇尔出生于一个“冒险”的家庭，她的父亲即使 60 岁，仍再度创业，不安于舒适区。或许正是家庭的影响，让她在成长过程中，将“把握自己的命运，拥有某种程度的自立，做些令自己激情四射和喜欢的事情”的愿望深埋心底。带着这样的愿望，她从不甘于身处舒适区，总是给自己制造一些压力，用这种适度的焦虑情绪推动自己，从而促进自己不断成长。诚如她自己所说，她在职业生涯的每一步，几乎都在有意识地采取冒险的举动，有意识地与某种程度的恐惧和不确定性打交道，因为在她看来，“似乎这样会让我感觉更舒服”。可以说，她正是借由合理而科学地利用适度焦虑，让自己处于最优焦虑区，才得以不断地在其职业生涯中再创新高。

当然了，要发挥压力引发的焦虑的作用，就要注意最优焦虑区的范围。如何确定最优焦虑区的范围呢？这就不得不说一说压力和焦虑的关系了。一般来说，压力与焦虑是呈正相关的，但由于每个个体的个性特质不同，对压力的承受能力不同，即使身处同样的压力下，每个个体的焦虑程度也不同，所以其最优焦虑区的范围也会不同。

因此，所谓最优焦虑区，就是个体感觉自己处于适度焦虑的状态下。这是因为，相对于过度焦虑引发的一系列不良后果，如夺走我们的快乐，让我们失眠、痛苦，患上身心疾病，不但存在亚健康的状态，而且患上了抑郁症，进而严重地影响我们的生活和工作，适度焦虑则可以引导个体更好地抵抗压力，更好地调动自己的身体资源去工作。专门针对适度焦虑进行研究的心理学家罗伯特·H.罗森，在其著作《适度焦虑的力量》一书中指出，在特定的时刻，适度的焦虑一方面能够推动个体的前进，而又不会引起个体的抵触甚至放弃；另一方面，也不会让个体产生掌控局面的奢望。适度的焦虑还可以释放出生产力，激发个体进步的愿望，能够调动个体最佳的积极状态，抓住个体的注意力，促使个体超越自己的现状以达到理想的未来。这也是成功人士更容易产生焦虑症的原因。

人一生的发展过程，可以划分为许多不同的阶段，每个阶段都要面对新的不同的现实需求，只有积极进行相应的改变，才能推动自己不断成长，获得成功。而最优焦虑区中产生的适度焦虑，正是促进个体不断前行，获得不断成长的动力。当然了，并非每个人都能找到自己的最优焦虑区，这就要求我们身处舒适区时，认识到舒适区的负面作用，警醒自己，唤起内在的压力，进而发挥压力的积极作用。但心理学家罗伯特提醒我们："压力如同一把刀，它可以为我们所用，也可以把我们割伤。那要看你握住的是刀刃还是刀柄。"为此，我们要学会科学地利用压力，发挥压力的积极作用，借助适度的压力促进并厘清自己的焦虑，使之激发前进的动力。

当然，管理焦虑并非易事，"在焦虑产生，我们处于焦虑状态时，我们要做的不是时刻想着这个问题，让自己处于紧张、忐忑不安之中，而是明确焦虑是个体改变过程的一部分，借助焦虑催生的推动力，更加专注于自己的目标，并从目标中凝聚实现目标的激情，想一想怎么做会做得更好，带来的结果是什么"。于是在这种适度焦虑的管理过程中，你会思考得更准确，也更全面，你的蜕变就指日可待了。

别假装自己很忙

最优焦虑区的出现明确了长期处于舒适区和过度焦虑状态的个体都会承受不良后果。长期置身舒适区的不利结果是消磨积极的正能量，反之，长期的过度焦虑又会导致身心俱疲。可怕的是，即便如此，还是有相当多的人愿意选择身处舒适区，拒绝突破，对自己的现状表现出难得糊涂的状态。于是我们常常会看到这样的情景：有些人每天马不停蹄地工作着，甚至忙到了废寝忘食的程度，即使身心俱疲也不愿有所突破或改变，被动接受着现实的一切，逐渐消耗自身的环境适应能力。殊不知，一旦环境或某一关键因素发生改变，耗尽适应能力的“舒适者”的身心必然全盘崩溃。

Martin 目前的这份工作已经干了 5 年，不停地加班让他一度抓狂，但一旦有朋友劝他换份工作或者领导不安排加班了，他反而感到无所适从，甚至内心有着隐隐的恐惧。于他而言，当前的这份工作虽然比较枯燥，但收入还算不错，不但实现了他买房置业的想法，还让他可以偶尔与家人度假，为妻儿买喜欢的礼物。加之现在的工作内容、工作环境和同事都已熟悉，他已经适应了现在的环境和状态，所以他不想失去这份工作，甚至调整岗位，宁愿承受异常忙碌的工作内容，奖金和薪酬却一成不变的现状。不同于 Martin，同事 John 是一个不安分的家伙。他在完成自己手边工作的同时，还不停地申请新项目，甚至主动申请到工作难度更高的岗位。为了熟悉新岗位和提升工作效率，John 比以前更忙了，甚至牺牲了几次与家人共度美好假期的机会。这样做的结果是，John 的收入并没有提高多少，但他熟练掌握了多个岗位的工作技能，熟悉了公司的整体工作流程。

时光就在 Martin 和 John 的忙碌中流逝。一件意外的事情发生后，他们的生活发生了变化。经济危机来临，公司裁员，两人都失业了。随后，Martin 和 John 开始了投简历和面试的过程。求职过程中，Martin 发现尽管自己在这 5 年中每天忙忙碌碌，但能力并没有获得太多的提升，那些原本擅长的方面好像也出现了短板，因而求职之路变得格外艰辛。同样忙碌了 5 年的 John 却非常“幸运”地被一家新公司聘用为项目主管，原因自然是他不但熟悉项目流程，而且可以独立地承担项目开发和管理。

同样在公司奔忙了5年，当环境变化发生时，Martin和John的结果却截然不同。究其原因，在于前者是“看上去很忙”地工作，而后者是“真的很忙”，忙于提升自己适应更大压力的能力，忙于抵制舒适区的诱惑，忙于突破个人的发展瓶颈，忙于提升个人的竞争力……

美国心理学家、密歇根商学院教授诺尔·迪奇提出了关于舒适圈的行为改变三圈理论，这一理论指出：人对外部世界的认知可分为三个区域，分别是舒适区、学习区、恐慌区。身处不同的区域，个体的情绪感受不同。当个体习惯了舒适区的放松舒适，要走出来，势必要面对学习区，接受一系列新的挑战，突破舒适区的天花板。然而这还不是结束，接踵而至的是恐慌区。身处这一区域时，个体会感觉自己处于完全失控的状态，压力巨大，甚至无力应对外界变化带来的恐慌，仿佛被焦虑不安、紧张害怕所淹没。于是一些个体为了逃离痛苦，会避免离开舒适区，宁愿选择用低效或无效的忙碌掩盖自己的恐惧心理，即离开舒适区进入学习区和恐慌区所要承受的压力和痛苦。

然而，相关研究表明，恐惧这一人人都感受过的心理，原本是一种保护我们免于受伤的本能情绪，结果在舒适区的影响下被无限扩大，甚而压倒突破创新的生存本能。个体一旦让恐惧情绪演变成毫无道理地害怕某事物，比如改变当下无效或低效的状态，它就成为个体前进道路上的阻碍，进而发展为一种有毒的情绪，操控着个体的生命，以致个体终生无法战胜自己，不得不瑟缩在舒适区中，宁愿降低自己的需求。

心理治疗师诺伯托·利维博士指出，恐惧是个体“感受到威胁时，如果觉得自己没有能力或没有资源解决，便会产生忧虑、苦恼的感觉”。这种可以自我喂养的情绪会不断循环，促使个体进入过度想象—恐惧反馈—加速失败的过程。

当个体进入过度想象阶段时，会因为对于某个特定情境的恐惧而在头脑中形成夸张的画面，进而由于放大事情最糟糕的结果而出现“末日症候群”。比如，处于舒适区中的个体会想象，一旦自己离开当下已经习惯的工作和环境，就会丧失原本拥有的许多舒适区的福利，感受到自己的生活会一团糟，于是开启众多对现实的负面认知，进而扭曲事实，即众多个体宁愿选择用表面的忙碌掩盖自己的无力和无能，也不愿意打破表面的舒适，努力提升自己。此时的个体实际上处于恐惧反馈阶段。

就像面对入侵的抢劫者，太多的个体想到的第一反应是让自己藏起来，而不是勇于反抗一样，个体在处于过度恐惧状态时，往往会向着相反方向退缩，这种相反的举动加速了个体的失败。

就舒适区中个体的行为进行分析，此时的个体不是采取积极的措施提升自身的能力，而是用表面忙碌的方式来掩盖自己内在的恐惧，像埋头的鸵鸟一样把看不见当作不存在，一味地以假忙碌、转移注意力的方式逃避风险。这种消极的反馈行为是一种相当愚蠢的举动，假积极的表象终究掩不住真消极的事实。事实上，本身的能力也从不曾得到更多的提升，反而丧失了个人应对风险和变化的能力，最终加速了失败。

由上述的恐惧循环规律可知，那些像 Martin 一样置身于舒适区的人，倘若企图借用表面的忙碌来掩盖其内在的恐惧，那么一切风平浪静还可应付一时，可一旦环境发生些微的风吹草动，只能加速失败。正确的方式应该是承认并接受对未知的恐惧心理感受，试着找出恐惧的源头，然后将因恐惧而生的焦虑转化为积极突破现状的正能量，像 John 一样努力提升自己，这样在战胜恐惧的同时，也让自己练就了应对未来变化的能力。

别思考不可控的事儿

柏拉图在《理想国》中讲了一个很有名的洞穴寓言：一批犹如囚徒一样的人，世代居住在一个深山洞穴之中，这个洞穴里有一条长长的通向外面的通道。居住其中的人们，由于脖子和脚被锁住无法环顾，仅能面向洞壁而坐。在他们的身后，燃烧着一堆火，另一些人拿着器物在他们与火之间走动，火光将器物变动的影像投射到囚徒面前的洞壁上。由于囚徒们无法回头，因此不清楚影像产生的原因，便认为这些影子是“实物”，于是用不同的名字来称呼这些影像。某一天，一个囚徒偶然挣脱枷锁回过头来，发现从前所见的一切均是实物投射在洞壁上的影像，而非实物；当他沿通道走出洞口时，他的双眼因阳光的刺激而失明，眼前一片虚无，看不到任何事物，不得不重返洞内寻找同伴。当他把所看到的一切告诉同伴时，没有一个人相信他，甚至认为他疯了，还要杀死他。此时，他悔不当初，饱受痛苦的折磨。若没有当初的回头，他还在与同伴其乐融融地谈论洞壁上的“实物”呢。

这个寓言中因失明而缩回洞中寻找同伴的囚徒，不正像那些长时间生活在舒适区内，为了不让自己遭受未知的挫折、同伴的嘲弄而甘于退缩的人吗？他们出于对未知的恐惧，避免面对不确定的风险而瑟缩在舒适区。事实上，舒适区中的舒适具有极大的欺骗性，当洞中的囚徒把洞壁上的影像错认为现实，长此以往，无限夸大（走出洞外）改变现状的风险，固守舒适的“囚笼”，甚至否认自己生活在虚幻之中，那么一旦环境的变化逼迫其不得不面对现实时，其必将付出痛苦的代价。

上例证明，长期处于舒适区中，倘若不能正视和反思问题，突破“我很忙”的虚假表象，改变自己，一旦外部条件的变化不期而至，就会由于夸大未知的风险而心怀恐惧，而过度恐惧又让个体无法采取正确的行动，加速错误和失败的发生，从而使个体形成错误的“第一记忆”。此后遇到类似的状况，仍会习惯性地采用错误的应对方式，陷入不断失败的怪圈，以至于让舒适的假象蒙蔽了心智与判断力，看不到事物的本质，看不到前方更好的机会，进而陷入习得性无助心理。

何为习得性无助心理？这是美国心理学家塞利格曼提出的，他通过一个经典的实验证明其原理。实验中，把一只狗关在笼子里，当蜂鸣器响时就给予其难受的电击，狗被关在笼子里面对电击，无处可逃，最终就算是蜂鸣器响起，不给予电击，它也会倒地呻吟和颤抖，绝望地等待痛苦的来临，而不像最初时主动逃避，这就是习得性无助。

习得性无助指因为重复的失败或惩罚而造成的听任摆布的行为，是通过学习形成的一种对现实的无望和无可奈何的行为和心理状态，是固守和重复失败经验、放任自流的结果。

当一个人一旦产生习得性无助心理，就会自设藩篱，把失败的原因归结为自身不可改变的因素，放弃继续尝试的勇气和信心，如同那只被电击的狗一样，获得了“努力与结果无关，只能绝望地坐以待毙”的经验，并将这种习得性无助内化到自身的认知中去，进而泛化到所有的情境中，认为一切都不可控，产生了消极对待的心理，最终放任自己的人生失控。

要停止这种有害的恐惧循环，让自己避免陷于习得性无助的状态，要让人生在欢乐与希望中成长，要找到自己的可控方式，以积极的、正面的方式面对当下的处境，不再成为恐惧的奴隶，不再受牵制，用自己的想法雕塑自己的人生，成为自己想成为的人。

对于我们找到自己的可控方式，我们可以从企业战略思维中获得有益的启示。企业要做大、做强，需要具备的战略思维包括四点：一是集中力量做好一件事；二是找准焦点，发挥力量；三是简单易行；四是重强避弱。把这四项原则套用到寻找个体的可控方式也同样适用，按如下方式重新排序，就成了找到自己的可控方式，走出舒适区的有效策略：一是找准焦点；二是集中力量去做；三是发挥自己的强项；四是寻找简单的方法。按此方法，便可一步一步达成目标。

关于前两步“找准焦点”和“集中力量去做”，加里·凯勒在其畅销作《最重要的事，只有一件》中做了详细的阐述：每个人的时间和精力有限，面面俱到的结果只能是精疲力竭，因此不妨化繁为简，缩小目标，专注于一处。而这专注的一处就是最重要的那件事。

同样，Silktide（网页设计网站）创始人奥利弗·恩伯顿（Oliver Emberton）在 Quora（问答网站）上，在解答“究竟该选择做好一件事，还是同时做很多件事”这一问题时，佐证了加里·凯勒的观点。那就是，人脑如同一个装满蜜蜂的沙滩球，在数百种不同的力量下向着不同的目标和方向奔袭，力量分散且效率低下。要想获得最好的结果，与其把精力分散到不同的方向，不如将其他不重要的事情暂且放在一边，专注于那个装满自己梦想和期望的目标，让所有的蜜蜂集中攻击这个最重要的目标，用有限的精力最高效地完成最重要的事。如此一来，想不快速进步都难。

关于“发挥自己的强项”和“寻找简单的方法”，木桶理论和反木桶原理均表明，寻找可控方式可以帮助我们走出舒适区，重获成就感。

木桶原理告诉我们，一只木桶盛水的多少，并不取决于桶壁上最高的那块木板，而恰恰取决于桶壁上最短的那块木板。这个原理提醒我们，既要清楚自己的长处和强项，也要了解自己的不足和短板，强调了补齐短板和弱项，即取长补短的重要性。而反木桶原理则从反面提醒我们，每个人都有强弱长短，当我们力图打破舒适区的限制，迎接未知时，不要过多地关注自己的弱点，而要尽量发挥自己的优势，根据自己的优势选择适合作战之处，更强调扬长避短的力量。简单理解，木桶原理的取长补短强调整体变强，可理解为盾的推进和防守能力；反木桶原理的扬长避短更重视单点突破，可理解为矛的突破和攻击能力。木桶原理的盾和反木桶原理的矛都能助推我们走出舒适区，具体到现实生活中，就要根据个体特性及其面对的具体情况选择了。

综合起来，我们可以获知，在改变自己，走出舒适区的过程中，既要学会扬长避短，将自己的成功建立在自己的优势资源上，即“Build your performance on strength, not weakness”，也要取长补短，强化自身的整体优势。这样做，或许起初收获的成功很小，但一步一步前进，你必将成功地走出舒适区，度过恐惧区，在稳步成长中收获积极的人生。

“不舒适”才能成长

与舒适感相对的是不舒适感。毫不夸张地说，不舒适感几乎没什么人喜欢。无论是物质层面的不舒适感，还是精神层面的不舒适感，都会在一定程度上让人产生压力和焦虑。然而，对个体而言，要避免舒适区的同化，适时且有成效的不舒适感是相当有必要的。这其中的原理，就在于有成效的不舒适感可以促进个体成长。

心理学家温尼科特曾说，适度的挫折使人成长。同理，有成效的不舒适感同样可以促使人成长和进步。于强者而言，挫折是人生中必然经历的一段历程，是登顶所必经的上坡路。简而言之，人在成长过程中学会的任何一项能力都是被某个目标吸引，再反复经历挫折、尝试的结果，以幼儿学习走路为例，坐和爬严重限制了幼儿的活动范围，他有着强烈的扩大自己活动范围的愿望，希望快速、直接地拿到自己想要的玩具，于是他开始了跌倒、重新爬起来、再跌倒、再尝试……最终由踉踉跄跄到稳步前行，再到健步如飞。正如泰戈尔所说："只有经历过地狱般的磨砺，才能炼出创造天堂的力量；只有流过血的手指，才能弹奏出世间绝唱。"

研究表明，个体经历挫折后，会在行为和心理上出现两种不同的反应，一种是攻击行为，一种是退缩行为。

攻击行为表现为因挫折引发愤怒情绪，并直接对人或事物发起攻击，倘若向外，就是愤怒情绪下的迁怒，倘若向内就是愤怒情绪后的自责。当然，冷漠情绪也是攻击行为的一种间接的表现方式，只不过是压抑的反抗。而退缩行为表现为幻想、退化或固化行为。幻想行为表现为以非现实的方式对付挫折或解决问题，简言之就是做白日梦，希望以天上掉馅儿饼的方式解决当下的问题；退化行为表现为以捶胸顿足、号啕大哭、撕衣物或咬手指等方式表达对遭遇的挫折的无力感；固化行为则表现为以一种一成不变的方式应对挫折带来的后果。

对比以上两种个体面对挫折发生后的不同反应方式，可以进一步地确定，让个体产生不适应的挫折处于适应的状态，于个体的成长是最佳的。而不舒适感，就是一种科学的挫折方式，它一方面可以促使个体思考问题，产生改变当下的愿望，就像学习走路的孩子有着强烈的扩大活动范围的愿望；另一方面也不至于因为过度的挫折导致个体出现幻想、退化和固化行为。

山德士 5 岁时，他的父亲猝然逝去，没有留下任何财产。母亲不得不外出做工，年幼的他只好承担起照顾弟妹的任务，从此学会了自己做饭。12 岁时，母亲改嫁，过分严厉的继父经常趁母亲不在时痛打他。煎熬了两年，他忍无可忍，离家出走，过上了流浪生活。16 岁时，他试图参加远征军，改变自己的命运，结果却因航行途中晕船厉害被遣送回乡。于是他选择娶妻生子，过平淡的生活。为此 18 岁时，他组建了自己的家庭。没想到，仅仅几个月，媳妇就离开了，而且将其所有的财产变卖一空，他不得不从头开始，做电工、开渡轮、当铁路工人，结果一份工作也没能顺利地做下去。转眼到了而立之年，他试图从保险业找到成功之路，结果因奖金问题与老板闹翻，不得不辞职。一年后，他靠着自学法律，成为一名律师。由于在法庭上与当事人大打出手被停牌，再度失业，生计都成了问题。这还不够，35 岁时，他在开车通过一座大桥时，大桥钢绳断裂，他连人带车跌到河中，身负重伤。5 年后，他振作起来，在一个镇上开了一家加油站，期间竟然因为一块小小的广告牌和竞争对手对簿公堂。尽管如此波折，加油站还是继续开了下去。生活总算能顺遂了。结果好景不长，47 岁时，他的第二任妻子与他离了婚。生活总得继续，在曲折中他 65 岁了，还开了一家快餐馆。就在餐馆生意刚刚红火，却因政府修路被拆除了，快餐馆又无法经营了。为了维持生计，他开始到各地的小餐馆推销自己掌握的炸鸡技术。75 岁时，力不从心的他转让了自己创立的品牌和专利，但因拒绝了对方以一万股股票充当专利款的提议，只能眼睁睁地看着对方公司股票大涨。83 岁时，他重开快餐店，尽管因商标专利与人打了官司，不过 5 年后，他终于获得了成功，蜚声国内外。

这就是肯德基的创始人哈伦德 · 山德士波折的一生。是不是很传奇、很励志？不过，却更能深刻地证明不舒适感在个体成长中的重要性。

可以说，哈伦德 · 山德士正是在不舒适感的激励下成功走出来的励志典范，他以自身的经历向每一个人诠释了有成效的不舒适感之于个体成长的重要性。

所以，当你勇敢地走出舒适区后，不妨以开放的心态接受不舒适感引起的诸多反应，因为这种反应恰好能促进你的自我提升能力，也锻炼着你于低谷反弹的能力，进而让你获得成长的动力。

测试：你的舒适区指数

舒适区所引起的质变，如同温水煮青蛙一样，让人于不知不觉中丧失了前进的动力，丢掉了拼搏精神。那么，当下的你是不是正好处于舒适区的边缘，甚至正处于其中而不自知呢？下面是“为本心理”发表在网络上的一个测试，不妨试着做一做，看一看你当下的状态。

1. 你经常产生辞职不干的念头吗（　）

是的——转 2 题

不是——转 3 题

偶尔——转 4 题

2. 你觉得纯净水与矿泉水是一样的吗（　）

是的——转 3 题

不是——转 4 题

还好——转 5 题

3. 你经常因为不想换衣服而宅在家里一天吗（　）

是的——转 4 题

不会——转 5 题

偶尔——转 6 题

4. 你会去打听新朋友的感情隐私吗（　）

会的——转 5 题

不会——转 6 题

看情况——转 7 题

5. 你是一个很需要个人空间的人吗（　）

是的——转 6 题

不是——转 7 题

还好——转 8 题

6. 找工作时，下面几个因素你最看重的是（　）

工资收入——转 7 题

公司环境——转 8 题

工作本身——答案 A

7. 相亲的时候，你非常注重第一感觉吗（　）

是的——转 8 题

不是——转 9 题

还好——转 10 题

8. 下面几种夜景，你最喜欢的是（　）

荧光点点——转 9 题

灯光璀璨——答案 A

星光满天——答案 B

9. 下面哪种类型的电影，你会更希望找个伙伴去看（　）

恐怖片——答案 C

爱情片——答案 D

搞笑片——答案 A

10. 如果想吃东西来缓解情绪，你会选择（　）

一堆零食——答案 B

各种小吃——答案 C

一顿大餐——答案 D

完成最后一题的选择后，请结合以下答案找到自己当下状态的判断，思考自己如何跨出舒适区，实现自我成长。

选择 A，说明你是一个天然宅，因为家可以带给你更多的安全感。这意味着你一旦熟悉了一个环境，就极难走出来。工作上也是如此，一旦你觉得自己能够胜任当下的工作，甚至达到了游刃有余的程度，你就会安于当下，不愿意，甚至可以说不敢走出来。

选择 B，说明在你心中，努力工作仅是生活的一部分，对自己的能力存着“差不多就行”的心理。如果你处在舒适圈中，你会选择固守其中，不到最后一刻不挪窝。

选择 C，代表你是一个有主见的人，不管是工作还是生活，你都有自己独特的想法。你不会甘心处于舒适区中，即使现在处在一个舒适区，你的事业心最终也会被激发出来。

选择 D，代表你是经过辛苦的奋斗才获得了当下这种舒适的状态，所以你很享受当下的舒适，即使风云变幻，你也不愿意走出这个舒适区。所以，需要注意的是，如果不舒适了才离开，那么你可能在无形中将可能的改变排除，进而让舒适区岌岌可危。

结合上面的小测试，你认清了自己当下的状态，明确了过度沉迷于舒适区的危害，不妨下决心学习一门新技能或培养一个爱好，让自己有一个目标，同时也给自己一点儿压力，从而将工作和生活带出舒适区，进入学习区。

（以上测试题引自 http://mini.eastday.com/a/190522120945699.html）

03

丛林法则

成长，就是升级食物链

不进则退的法则

丛林中，一棵小树愤怒地盯着旁边的大树：“你已经足够强大，为什么还要限制我的生长？”

大树漠然地看了它一眼，冷淡地说：“不要将你的弱小归咎于我的强大。须知，我也是从小树成长起来的。记住，要想获得生存的空间，你唯一的选择就是强大自己。”

这段大树与小树的对话，向我们形象地展示了丛林法则的内涵，即丛林中存在着弱肉强食、优胜劣汰、以强凌弱的现象，世间万物之间正是依此规律相生相克，维持着基本的平衡。

实际上，细细想来，丛林法则同样适用于人类社会。在人类社会这个生物圈中，同样存在着强弱位置。这一位置的变化，端看处于“食物链”的个体的强大程度，倘若个体能抓住一切机会，磨炼意志，锻炼身体，提升能力，就可以在竞争中获胜，进而保证自己在“食物链”中的地位，甚至不断提升自己的位置；反之，如果个体不能提升自己的能力，不但无法保持原有的位置，甚至会在“食物链”上不断下滑，最终因为不能适应环境而被淘汰。

俗语有云：德不配位，不能成其事。同样的道理，能力不够强，又怎么能创造辉煌呢？于是有人说，成功者有着先天优厚的资源，我们普通人是无法与之相比的。细细分析这句话的背后，其实反映了一种狭隘的自我认知，而这种自我认知的产生正是巴纳姆效应的影响。巴纳姆效应又称福勒效应，是心理学家伯特伦·福勒于 1948 年通过一项人格测验证明的一种心理学现象。这一心理效应指出，每个人都极易相信有一个笼统的、一般性的人格描述特别适合自己，即便自己根本不是这样的人。这一心理现象的产生是受主观验证的影响所致。受它的影响，个体极易由此认定自己属于某种类型的人，进而不愿意面对真实的自己。这就是为什么社会上存在那么多面对自己的挫折和失败时，一味地认定自己先天不如他人的人。自我知觉的偏差导致他们在“食物链”上的位置不断下滑，终致一败涂地。

倘若想让自己在“食物链”的位置稳中有升，就要避免巴纳姆效应对自己产生的负面影响，做到客观真实地认识自己，培养勇敢地面对自己的勇气，正视自己的长处与不足。为此，一方面要学着培养自己敏锐的判断力，积极从周围收集相关的信息，科学地看待自己；另一方面要以人为镜，根据自己的实际情况，与自己身边的人通过各方面的比较来认识自己，找出自己在群体中合适的位置。最后，认清自己的长处与不足后，从多角度提升自己，改变自己。

要知道，人类社会不同于无序竞争的原始丛林，人类社会是由这颗星球上最高等的智慧生物构成的。不同于低等生物，人类社会中的强者或者弱者均处于暂时性状态，个体之间的平等决定了每一个个体均有权享有天赋的人权，均有机会获得自己在人类社会中的基本地位和权利。在此基础上，你可以通过自己的努力动态地改变自己的人生，重新确定自己的位置。例如，倘若你能主动地不断进行自我提升，那么文前的那段对话就可以演变成这样：

夜晚下了一场暴雨。第二天，太阳升起的时候，风住，雨停，出现在众人面前的景象是，大树仍旧繁茂，它旁边的小树也同样安然无恙地挺立着，甚至经过风雨的洗礼，变得更加茁壮。

大树奇怪地问小树：“这么大的风你怎么会没事？我之所以没问题，是因为我足够强大。真不知道，弱小的你是如何逃过这一劫的。”

小树说:“这还要感谢你，你的高大是你的长处，而我则基于对自己的认识提前预警，借力保护自己，并且吸足了雨水，把根扎得更深了。”

这也是丛林法则，丛林中的强弱位置是动态变化的。你只有抓住一切机会，磨炼意志，锻炼身体，才能在竞争中获胜。

丛林法则的本质

提到丛林法则，人们的第一反应是弱肉强食，于是太多人的脑海中闪现出“残忍”二字。殊不知，不管人类社会怎样发展，人类仍是地球上的一种生物。因此，永远脱离不出弱肉强食、优胜劣汰、适者生存的自然法则。实际上，丛林法则强调的弱肉强食，其本质就是心理学上的马太效应。

马太效应是美国科学史研究者罗伯特·默顿（Robert King Merton）于 1968 年提出的。这一心理效应源于《圣经·新约》“马太福音”第 25 章中的一句话:“凡有的，还要加给他，叫他多余。没有的，连他原先所有的也要夺过来。”这句话源于下面的故事:

一个国王要出门远行，临行前，将3锭银子分别交给他的三个仆人，让他们去做生意，并要求他们在自己回来时再来相见。等国王回来时，三个仆人纷纷来向他汇报成果。第一个仆人用他当初给的1锭银子赚了10锭银子，于是国王奖励他10座城邑。第二个仆人用他当初给的1锭银子赚了5锭银子，于是国王奖励他5座城邑。第三个仆人将没舍得花的那1锭银子交还给国王时，国王不但没有奖励，还将那锭银子赏给了第一个仆人，并留下了这句话："凡有的，还要加给他，叫他多余。没有的，连他原先所有的也要夺过来。"

这个故事中，三个原本手持相同财富的仆人最后却成了贫富相差悬殊的两个阶层的人，原因就在于他们对待银子的态度不同。这种不同一方面是由外界（国王）的态度决定的，另一方面是由自身的因素造成的。当这两个因素共同发生作用时，微小的差异就演变成了天差地别。

默顿在这个故事的基础上提出了马太效应，概括了当今社会中存在的一个普遍现象：好的愈好，坏的愈坏，多的愈多，少的愈少。简言之，任何个体、群体或地区，一旦在某一方面（如金钱、名誉、地位等）获得成功和进步，就会产生一种累积优势，会有更多的机会取得更大的成功和进步。

大学毕业后，乔应聘到一家二手汽车公司做了销售员。这份工作的收入多少与个人业绩挂钩。对于乔这样的新手来说，开始的日子是相当难过的。不过，乔最不缺的就是耐心和毅力，他每天在车场守候着，即便不是他的顾客，他也在一旁积极帮忙，只为了观察和学习。于是实习期满前，他开了第一单，拿到了第一笔佣金。

乔进入公司后的表现被老板贝克先生看在眼里，他发现了这个小伙子的潜力。经过一段时间的观察后，他创造机会，让乔跟在公司的销售高手大卫身边做助手。如此一来，乔通过近距离观察大卫的推销术、沟通术，不断地提升自己，在观察和学习中积累销售经验，提升沟通技能。慢慢地，他的业绩越来越好，佣金也不断增加，最后竟然赶超大卫，成为公司的金牌销售员。

乔的出色表现给了贝克先生极大的信心，他不但适时地给乔以鼓励和支持，还以自己出身销售的经历给乔的工作提出建议，帮助乔改进。于是，在此后的两年中，乔的职业能力得到飞升。加之他在业内的好口碑，让他在获得了更多客户的同时，也获得了更多公司提供的机会。工作五年后，乔进入贝克先生控股的一家大型汽车制造公司，最后升任为营销总监。

细细分析乔从一个名不见经传的小人物，最终成长为业内精英的历程，除了他自身的努力，外界给予的支持也是重要的条件。就其自身来说，他积极学习，不断提高自己的能力，善于学习他人的长处，化为己有；就外界环境而言，同事的成功经验缩短了他成长的时间，公司提供的支持也让他得以获得更多成长的机会。可以说，二者密不可分，缺少任何一个条件，乔的成功都会大打折扣。

同理，乔的经历验证了马太效应对个人发展所产生的连锁反应，优胜劣汰，强者随着积累优势，将有更多的机会取得更大的进步和成功。乔最初的努力获得了老板贝克的关注，并为他提供了最好的学习资源（公司的销售高手大卫），乔的快速成长（成为金牌销售员）获得了老板的进一步认可，从而获得了更大的施展舞台（贝克先生控股的汽车制造公司），最终进入精英阶层。所以一个人不想在其所在的领域被打败的话，就要树立成为这一领域的领头羊的目标，调整心态并持之以恒地为之努力，以期获得更多的资源和更大的舞台。好资源和大舞台是积累优势的强大助力。当你成为领头羊后，你就成了丛林中的强者，相比那些弱者，必将获得更多的机会，更多的收益。

当然了，要成为丛林中的领头羊绝非一日之功，同样需要一个积累和提升的过程。为此，不妨遵循登门槛效应，步步为营，从小的改变开始，一步一步提升自己。

何为登门槛效应？登门槛效应是美国社会心理学家弗里德曼与弗雷瑟于 1966 年提出的。当时，他们做了一个名为“无压力的屈从——登门槛技术”的现场实验。实验人员随机访问一组家庭主妇，要求她们在自己家的窗户上挂上一个小招牌，当这些家庭主妇愉快地同意并照做后，过了一段时间，他们再次造访这组家庭主妇，向她们提出又一个要求，即请她们在自己家的庭院里放一个不仅大而且不太美观的招牌，结果一半以上的家庭主妇都同意了。与此同时，实验人员随机访问另一组家庭主妇，向她们直接提出同样的要求，结果同意者不到 20%。

通过分析实验过程中人们的心理，研究人员发现，在一般的情况下，较高、较难的要求由于费时费力又难以成功，因此人们都不愿意接受；相反，对于较小且较易完成的要求，人们还是比较乐于接受的。而当人们接受了较小的要求后，就会慢慢地接受较大的要求。

由此，研究人员总结出了登门槛效应，即一个人一旦接受了他人的一个微不足道的要求，为了避免认知上的不协调，或想给他人以前后一致的印象，就有可能接受更大的要求。

个体的成长也是同样的道理。个体要擅用登门槛效应，在工作中学会步步为营，借力使力，借助于群体或他人的力量不断提升自己的能力，让自己从微小的改变中提升能力，获得他人的认可。那么接下来，这些微小的改变就会一步一步地积累，最终引导我们实现从量变到质变的跨越。这种巨变必会驱使我们走向成功，实现自己的目标。

所以，不妨学会借助身边人或群体的力量，从小小的改变开始，让自己在借力的过程中一步一步提升能力。假以时日，你必定能实现自我提升，到达你所期待的“食物链”上的那个位置。

“防御”的人生

心理学上有一个术语：或战或逃反应。关于这个术语，相关的解释认为，当像惊吓这样的极端状况发生时，人体的交感神经系统往往会集体活化起来，进而激发人体快速释放出去甲肾上腺素与肾上腺素，从而驱动全身内脏器官大量活动，于是人就会不由自主地产生全身性的反应，如下意识地跑开或找到武器抵挡伤害。这样的或战或逃反应现象在生活中几乎随处可见，但不同人的反应颇令人深思。

我们来看下意识地跑开。这其实是一种相当正常的现象，是由人类趋利避害的本能决定的。这一本能是人类这一生物在由低级向高级不断地进化过程中为了保护自己而产生的自我意识。趋利令生物习得更强的生存能力，而避害则令个体的生命得以延续，进而保证了物种的延续。

最简单的例子，平时防疫部门无论如何宣讲戴口罩的重要性，大多数人都坚持只有生病的人、有问题的人才戴口罩的观点，可一旦重大疫情发生，如2020年春季爆发的新型冠状肺炎疫情，在铁一样的事实面前，无须防疫部门进行太多的宣讲，绝大多数人都会主动戴口罩。这其实就是人类趋利避害的本能反应。

或许有人会问：既然是人类的本能，为什么在状况发生时，有的人不逃反战，选择迎难而上，直面问题呢？事实上，这涉及心理学上的一个术语：防御。

心理防御是由精神分析学派的鼻祖弗洛伊德提出的，心理防御机制，是个体面临挫折或冲突的紧张情境时，在其内部心理活动中具有的自觉或不自觉地解脱烦恼，减轻内心不安，以恢复心理平衡与稳定的一种适应性倾向。心理防御有着积极和消极的意义。一方面，它可以令主体在遭受困难与挫折后减轻或免除精神压力，恢复心理平衡，甚至激发主体的主观能动性，激励主体以顽强的毅力克服困难，战胜挫折；另一方面，它会使主体可能因压力的缓解而自足，或出现因退缩甚至恐惧而导致的心理疾病。

当今社会，竞争激烈，太多的人承受着生活、工作、社交等方面的巨大压力。在沉重的压力面前，不同的人会做出不同的选择，自然也就收获不同的结局。

一种人，面对诸如人际交往、职场生存等压力，选择了用“逃”的方式来应对。面对职场竞争，他们采用佛系的态度，不争不夺，给多少薪水做多少活儿；面对生活中的诸多烦恼，他们选择逃离，不婚不育，落得自己清静……凡此种种，不一而足。这固然也是一种人生，但他们不知道的是，当一退再退，一躲再躲，当被逼迫到退无可退、躲无可躲的时候，他们将会面对怎样的人生？

另一种人，面对来自不同领域的压力，则如同战士一样奋起反抗。于是经常能看到的是，职场中的各种拼杀，生活中的各种纠纷，他们或许会成为最后的胜利者，但却落得遍体鳞伤，人生寂寞如雪。

于是有人或许会问，在压力面前，“战”与“逃”是否就是唯一的选择？美国斯坦福大学的心理学教授凯利·麦格尼格尔（Kelly McGonigal）告诉我们：一个能够享受压力并将其当作朋友的人，不但会收获更多的幸福，而且其人生更有意义。而要做到这点，就需要使压力成为可控因素，并将其转化为生活的动力。

如何做呢？我们要改变对压力的看法。压力具有两面性，它固然对人的身心有着诸多危害，但也同样有着诸多益处。压力的两面性又具有可转换的特性。要将压力的危害化为助力，个体就要端正心态，认识到相比面对不安的逃避，积极追求生活的意义，不断增强自信心，相信自己可以处理好来自诸多方面的压力，而不是将压力全部消灭掉。还可以选择一项技能或本领，让自己投入其中，当你专注其中的时候，就会发现自己获取了更多的脑力和身体资源，它们会让你处于一种很享受、完全沉浸其中的心流状态，进而自信满满、无比专注。比如，同样面对工作的压力，负面心态的人只能看到眼前利益、压力与回报的不对等之类的负面现象，因此选择多一事不如少一事、偷工减料、辞职逃离等方式，殊不知伤敌一千自损八百，最终受到伤害的不只是公司和客户，也包括自己，这就是工作压力产生的危害。而正面心态的人看得更远，时刻在为理想的目标准备着，面对同样的压力，正面心态的人往往选择很高兴争取到一个锻炼的机会，踏踏实实做事获得客户的认可，练就过硬的技能自己创业等更长远的利益，从而选择积极努力地做好当前的工作，获得自身、公司和客户三赢的结果。由此可以看出，压力只是一个客观的存在，其本身不会产生危害或益处，主观的心态决定了压力发展的方向，正向面对压力可将其转化为积极的动力，往往能获得有利的结果，负面逃离压力的结果常常不会太好。

请记住库珀·埃登斯的话:“与其恐惧，不如拥抱。”面对压力，不要逃，也不要战，试着享受压力带来的动力，与压力相伴而行，如此，你的大脑将会更快分析感知到的事物，会专注于重要的事项，进而让你获取周遭更多的信息，达成你的目标。

升级自己的“食物链”

丛林法则提示我们，个体要适应社会的发展，就要认识到优胜劣汰的自然规律，清楚弱肉强食的形势，不断地提升自己的能力，强化自身的竞争力，以适应所在的“丛林”，不断提高自己在“食物链”上的位置。那么，为了稳定提高自己在“食物链”上的位置，提升自己的能力，还要注意扩大自己的视野，及时吸取他人的长处，以避免自己故步自封，停滞不前。而要做到这点，就要学会从周围的环境中获取有用的信息，培养自己的借力思维，点亮自己自信的明灯。

借力思维，是借用他人或群体的资源达成自己的目标。成长需要一个过程，这一过程的完成有时相当缓慢，而社会发展进程却呈越来越快的趋势，对个体能力的要求也越来越高，倘若固步于自我思维，一味地凭着自己的学习来提升，或凭个体的力量来解决问题，或许我们永远无法达到期望的“食物链”的位置。倘若具备了借力思维，善于从他人或群体中获得资源和帮助，就可以加快目标的实现。

从心理学的角度分析，这一思维体现了安泰效应的作用。安泰效应源于古希腊神话故事。大力神安泰是海神波塞冬与地神盖娅的儿子，他力大无比，百战百胜。所谓人都有弱点，神也一样。安泰的致命弱点只有一个，那就是他不能离开大地，离开母亲的滋养，否则神力就会消失无踪。他的这个秘密被对手刺探到后，对手设计并利用了这个弱点，让他离开大地，将他在高高的空中杀死。心理学家将这种一旦脱离相应条件就失去某种能力的现象称为安泰效应。

安泰效应强调了群体力量的重要性，提醒个体要学会依靠大家，依靠集体，如此才能强大自己，使自己成为水中鱼、空中鸟。所以，于个体成长而言，借助他人或群体的力量，可以让自己的成长过程事半功倍。因此，个体要为自己的成长加速，就要提升自己的借力能力，经营好人际关系，让群体或他人的力量为自己的成长助力。

初识 Allen 的人根本不会想到，这个瘦弱的人仅用 5 年的时间就创立了一家公司，而且这家公司最近刚刚上市。令人惊叹的是，Allen 不具备高学历，也没有雄厚的家族背景，成功靠的仅仅是借力思维。

据 Allen 自述，他至今记得小的时候，一次在院子里搬石头，父亲鼓励他，只要全力以赴就可以搬动。当他费了九牛二虎之力还是没能搬动石头后，他告诉父亲自己尽力了。父亲说他没尽全力。他不明白，父亲笑着告诉他的一句话，让他牢记至今，并成为他成功的密钥:“因为我在你身边，你却没有请求我的帮助。”从此之后，他在做事的时候，除了考虑自身的实力外，也将他人的助力列为重要的条件，而这种借力思维为他获得今天的成功奠定了基础。

一个人的力量是有限的，倘若能够学会借助外力，即使自身实力或条件有所欠缺，也能借助外力弥补不足，从而达成自己的心愿。为此，请牢记哈佛大学教授桑斯坦提出的“信息蚕茧效应”。这一心理效应指出，信息时代，尤其是微博时代，人们仅关注自己感兴趣的人和事，只关注和自己气味相投的人，囿于同质化的社交或信息圈，从而作茧自缚，阻碍了对信息的广泛吸收，进而影响了个人的成长。因为外部信息如同活水，倘若你的池塘中缺少了活水，终有一天，你会因缺乏足够的新鲜养料而失去活力。因此，倘若想让你的梦想之花绽放，你就要学会运用借力思维，借助外来的活水和通道拓展新的生存空间。

当然了，借力毕竟是借，而且借要有借的资本，那就是自身的实力和智慧，正所谓打铁还需自身硬。关于这点，不要忘了吸引力原理，从物理学的角度看，一个物体的密度越高、质量越大，其自身的引力就越大，就越能将密度小、质量小的物体吸引过来，就像一大一小两块磁铁，在大磁铁的吸引力范围内，永远是小磁铁在大磁铁的引力作用下向其靠拢。此原理同样适用于人类社会，当一个人自身的实力和人格魅力足够强大，自然就能吸引周围的资源、信息和人才——主动或被动——向其靠拢。

因此，要成功借力，首先要让自己的心志变得强大，能屈能伸，学会适当地低头和示弱，学会坦诚地求助。这正是我们成功借力的重要前提，也正是美国职业橄榄球联合会前主席 D. 杜根在其提出的杜根定律中告诉我们的。

杜根定律指出，强者不一定是胜利者，但胜利迟早都属于有信心的人。须知，一个人胜任一件事，85% 取决于态度，15% 取决于智力。所以个人的成败，与其是否自信关系密切。倘若个体过于自卑，其聪明才智就会被自卑扼杀，其意志就会被自卑消磨。所以，要借力成就出色的工作，首先要点亮自信之灯，并善于发现身边可借用的信息、资源。

1773 年，法国炮兵学校是每一个心怀梦想的青年的梦想之地，一旦考取这所学校，就会获得少尉军衔。当年应考的青年一共是 180 名，他们大多是巴黎城的富家子弟，因此个个衣冠楚楚，风度翩翩。当天考试开始后，主考官竟然发现门前站着一个农民。细细看来，这个农民身材矮小，手里拿着一根木棒式的扁担，脚上穿着一双笨重的破皮鞋。经过询问，他得知这个农民竟然是来赴考的，教室里的人都震惊了。然而出人意料的是，当这个农民上场回答时，他神态自若，落落大方，相当地从容自信，不管是多么难的题目，他都可以用逻辑严密的语言给出正确的答案。最终，这个农民当仁不让地成为第一名。就这样，这个农民用自信征服了这批未来的将军，最终凭着个人的能力和借力思维，成为拿破仑军队里屡建奇功的德鲁奥将军。

因此，当身处把弱肉强食视作天经地义的社会中，要想不让弱小的自己置身“食物链”底端，首先就不能自暴自弃。身为弱小者并不可怕，可怕的是望着自己和强者的差距一味哀叹，将自己的弱小当作理所当然的事情，心甘情愿地成为优胜劣汰中的“劣”。切记，天生我材必有用，纵然这世间有太多优秀的人才，却从来不乏众多平凡的人创造突转、发现奇遇的人生。只要牢记并坚信戴高乐的名言：“谁说败局已定？只要不打到最后一刻，我们仍有成为强者的可能。”你就会在机遇浮出水面时，找到自己在“食物链”上最适合的位置，并享受自己的舞台。

测试：你的『捕食』指数

自信是人成功的基础，愉快的前提，它决定着一个人的成功指数，也在一定程度上决定着个体是成为“食物链”上的“捕食者”还是“被捕食者”。自信这一个体成功应该具备的基本素质，可以让你认清自己。当然，任何人都可以通过不断地提升成为一个充满自信的人，进而从内在发生深度改变。

下面是一个小测试，可以帮你测一测自己的自信指数。

倘若你的一位朋友为你画像，你认为应该将你的哪个部位画得最好？

A. 鼻子　　B. 眼睛　　C. 眉毛　　D. 嘴巴

选择 A，表示你的自信指数为 95 分，你是一个意志力坚强的人，随时随地会散发出一种独特的魅力，而且这种魅力不受外表的影响。你无论何时都可以将自己的优点展示出来，因此给人一种强势的感觉。

选择 B，你的自信指数为 80 分，可以看出来，你是一个感情丰富细腻、自信满满的人，甚至自信到了有些自恋的程度。你喜欢听到他人的赞美，与此同时又担心给他人骄矜自满的感觉，因此你平时相当低调，将自己的自信隐藏起来，极少轻易表露。

选择 C，你的自信指数为 60 分，由此可见，你是一个冷静且懂得平衡情绪的人。你外表看上去相当知性聪颖，不过实际上并不自信，对自己的外貌更是心虚。为此，你平时大多时候沉默寡言，但偶尔发言却一鸣惊人，给他人留下深刻的印象。

选择 D，你的自信指数为 50 分，你表面上相当喜欢社交和热闹的生活，但实际上并没多少知心朋友。你对于自己了解不多，更多的时候是凭感觉做事。你大多数时间会将自己打扮得光鲜夺目，唯恐他人看到你的狼狈状。

当你了解了自己的自信指数，接下来还要关注自己的学习能力，这种能力也决定着你在“丛林”中所处的位置。下面这个测试，可以帮你了解自己的自我学习能力，认识自己当下的学习状态，从而促使你提升自己的硬实力。

1. 对于个人学习，你的切身感受或主要问题是（　）

A. 没时间，没精力，兴趣不大

B. 看不完，记不住，读不下去

C. 学时激动，听时感动，决心震动，就难行动

D. 不系统，不全面，碎片化

E. 内容、平台、形式多种多样，学习效果不明显

F. 爱读书，爱学习，以消遣为主

G. 爱读书，爱学习，爱钻研，学以致用

2. 你一年看多少本书（　）

A. 1 本

B. 1 ~ 5 本

C. 5 ~ 10 本

D. 10 本以上

E. 看不完 1 本

3. 你个人学习的主要内容是（　　）

A. 以报刊、娱乐为主

B. 与个人职业紧密相关的专业书籍

C. 小说文史

D. 党政国策

E. 以上各种均有涉猎

F. 无所谓，碎片化学习

4. 你个人学习采取的主要方法有（　　）

A. 细读，精读，做笔记，有思考

B. 慢读，翻阅，磨时间，无思考

C. 根据自己的兴趣读，多不致用

D. 有自己独特的学习方式方法，且能致用

04

扩大舒适区

突破，改变的第一步

迈出改变的第一步

一些勇于走出舒适区的朋友曾说，走出舒适区，最难的是第一步。当自己身处舒适区时，耳边好像一直有一个声音在提醒自己：要走出去，要做出改变。然而无数次的“明天我会”的后面，是无法迈出的第一步。的确，当舒适成为一种习惯，打破这样的习惯真的是一件相当困难的事情。

Jonathan 上学时一米八几的大个子，200 多斤的体重，体型之巨大，颇令人心惊。毕业季找工作时，他因为体型而不断受挫。以他的情况要在办公室里找到一席之地，对于用人单位来说实在是一种挑战。当然，最终他还是找到了一份工作。然而这段挫折让他意识到，不减肥，以后的路难行。

于是他在毕业前，在自己的社交网站中写下一句话："Break the comfort zone, either thin or dead." 意为打破舒适的状态，要么瘦，要么死。此举遭到了一众损友的打趣，甚至大家还为此设了赌局，赌他会与此前的无数次一样，成为减肥之路上的"逃兵"。

然而毕业后的第三年，当好友小聚，一个高高瘦瘦的帅哥走到大家面前时，众人皆惊，没人想到这位目测最多 140 斤，面部线条清晰，轮廓分明的帅哥，竟然就是昔日那个大胖子 Jonathan。于是 Jonathan 成为当天聚会的核心人物。酒过三巡，他谈到自己走出舒适区，坚持减肥健身的经过；谈到打破舒适区最难的第一步开始时，自己是如何纠结，如何痛苦；谈到为了这一步，他每天坚持去健身房锻练，拒绝数不清的美食诱惑，流了数不清的汗水，终于在两年后迎来了自己的完美逆袭。

诚如 Jonathan 所说，战胜过去的那种舒适区，最关键且最难的就是迈出第一步。而当你迈出第一步后，实现预期的目标时，你不但找到且扩大了"心理舒适区"，还因成就感的激励而倍受鼓舞，并在一步一步地坚持下迎来最终的蜕变。

所谓万事开头难，第一步并不那么好走。诚如 Jonathan 的蜕变，要走好第一步，需要我们战胜自我，战胜诱惑，学会等待和忍耐。

心理学家萨勒曾经做了一个有趣的实验：实验中，他按每人 2 块糖的数量将糖分给一群 4 岁的孩子，随后声称自己要出去买东西，但倘若哪个孩子能在自己外出买东西的 20 分钟里不吃，自己回来后，他不但会得到原来的 2 块糖，还会获得更多的奖励。要知道，糖果对 4 岁的孩子来说绝对是极大的诱惑。然而，在场的每个孩子都清楚，如果自己可以忍 20 分钟，不但可以享用那 2 块糖，而且可以获得更多。但还是有三分之一的孩子忍受不了即时的诱惑而放弃了后面更多的糖果，在萨勒刚走就将糖塞到了嘴里。其他的孩子则选择等待 20 分钟获得更多的糖果。他们为此想到了诸多方法控制自己的欲望，一些孩子将双眼紧闭傻等，防止自己受不了糖果的诱惑，一些孩子干脆用双臂抱头，不看糖果，一些孩子或唱歌或跳舞，做其他的事情转移注意力，还有一些孩子躺下睡觉。

最终，尽管其中有个别孩子没能坚持住，但还是有约三分之二的孩子拿到了更多的糖果。这就是心理学上的糖果效应，即为了获取更大的回报往往需要更长时间的等待和忍耐。

当我们敢于斩断对舒适区的留恋，从自己的兴趣点和长处入手，迈出改变的第一步时，尽管你付出了很大的代价，而且要进行长时间的等待，但你会获取更大的回报，而这正是你舍弃舒适区后的所得。

当然了，等待的过程并不舒服，甚至相当痛苦。这时你不妨不时地给自己一些“糖果”，以激励自己坚持下去。这些“糖果”就是适时地满足一些小的心理需求，让自己顺利通过对舒适区的过渡。

Emily 跨出了艰难的一步，开始了一份新的工作。这是一个记者的职业，需要经常跑现场、找热点。于是，这个多年来将周末在家睡觉追剧奉为人生至乐的女孩，现在的每个周末不是在采访的路上，就是在没日没夜地赶稿子。然而，如此高强度的工作，她却一反从前永远睡不醒的状态，摆脱了谁也不能让她振奋起来的样子，总是精力旺盛，干劲儿十足。在她看来，走出固定的模式，战胜自己的感觉真的是太棒了。为了让自己保持干劲儿，她会适时地奖励自己：每当完成一个重大的采访任务，她都会选择自己喜欢的地方去度个假。这一次，她计划去黄石公园看看熊。

不同于 Emily 的疯狂，性格沉静的 Grace 改变起来更是让人刮目相看。自毕业后就做了一名全职太太，Grace 几乎与社会隔绝。现在重新走出来，想到要自己迎接风雨，她也害怕和恐惧过，但她希望自己改变，而且勇敢地迈出这一步。在改变的过程中，为了避免自己当“逃兵”，也为了让自己坚持下去，她将自己的目标分解，一个月完成一个目标周期，一个工作内容算作一个目标。每达成一个目标，她就会奖励自己——无论精神的或是物质的，也无论大小——不断地激励自己。这些奖励种类繁多，如一件昂贵的衣服，或一件小小的饰物、一朵花。就在这样的坚持中，Grace 从一个家庭主妇摇身一变成了能独当一面的职场精英。

在改变的过程中，你可能会面对不同种类的情况，在这一过程中需要注意的是，我们的目标不是一颗小小的糖果，不能像面对诱惑的孩子一样闭起双眼，因为倘若这样，你会失去成长的机会，你会错失成长的营养。因此，请睁大双眼，在其他人茫然地等待时，为自己加油、充电，从而化被动为主动，缩短等待的时间，为一飞冲天积蓄力量。

生活在竞争激烈的丛林中，在迈出改变的第一步时，坚持和忍耐是你可以在丛林中潜伏更久的前提。只有长时间地忍耐和坚持，像一头静伏在草丛中的猎豹，时刻盯紧你的“猎物”，才能最终收获丰厚的回报。

找到自我价值的提升点

离开舒适区，扩大“心理舒适区”，不仅仅在于让自己获得更大的成功，还在于它可以帮助个体提升自我价值。一个人自我价值的高低，决定着其对内在自我的认可状态，进而决定其生存状态。

孤儿 Will 虽然绝顶聪明，却叛逆不羁，是一个“问题”少年。后来因为到处寻衅滋事，被少年法庭宣判送进少年观护所。出狱后，Will 成为麻省理工学院的一名清洁工，他在人才济济的校园里默默地工作，开心地和一众好友泡吧、打架。一次偶然的机会，他在清扫时将教授写在黑板上的一道难题破解，从此引起了教授的关注。

然而对于别人视若珍宝的天赋，Will 却不以为然，全然不放在心上。就算是教授费尽心思请来的心理医生，也因他的聪明无能为力。最后，在看似消遣的治疗过程中，Will 的内心发生了改变。原来，Will 狂放不羁的外表下，是一颗低价值的心。为此，他躲避着深爱他而且他也深爱着的女孩，只因为对方出身富家，是哈佛的高才生。最后，经过与心理治疗师的多次长谈，Will 找到了自己的问题所在，终于敢于接受自己的聪明和才气，并愿意将其展现出来，从而体现自我价值。

这是电影《心灵捕手》的内容。现实生活中，Will 这样的人并不少见。他们拥有过人的聪明才智，却任由自己消耗生命，安于当下的生活，只想缩于自创的舒适区中，躲避激烈的竞争。实际上，他们这种看似安于现状、随遇而安的表现，恰恰是由于自我价值感低造成的。

何为自我价值？它是在个人生活和社会活动中，自我对社会做出贡献后社会与他人对个体存在的一种价值肯定。简言之，自我价值感是个体在成长过程中建立起来的，体现为个体的自信、自爱和自尊。

自我价值感对个体的成长有着极其重要的影响。家庭治疗大师萨提亚曾用一个新颖而又通俗易懂的比喻——罐子，形象地说明了自我价值之于个体的关系。罐子里满满的，代表个体富有朝气，具有高自尊；罐子空空如也，代表个体找不到价值感和存在感，内心充满了挫败；罐子过满，甚至外溢，则代表个体的内心不堪重负，甚至失去了对外在世界的关注。

相关研究表明，高自尊的人往往正直、诚实、博爱、能力强，且富有责任感和同情心。因此，他们有勇气去从事各项事务，去竞争，从而为自己获取机会。而低自尊的人往往带有受害者情结，认为他人不可信，会被他人羞辱和鄙视，从而将自己隔绝起来以自我保护，他们不敢去从事很多工作，不敢参与竞争，于是放弃了很多锻炼的机会，锻炼得少了，能力自然得不到提升，很多需求就无法得到满足，最终导致其自我价值感更低，如此形成恶性循环，最后或是成为一个自卑胆怯的孩子，或是成为一个表面无耻狂妄、内心恐惧的孩子。

因此，个体要走出舒适区的限制，扩大“心理舒适区”，要在丛林中找到展示自己才华和能力的位置，首先就要自我提升，保持较高的自我价值，促使自己通过提高技能或赢得他人的赞赏促进个人的成长与进步。

首先，要学会关注自己和他人。所谓关注自己，就是要从关注自己的提升上入手。人无完人，每个人都有自己的不足之处，要想提升自我价值，最简单的方法就是在自己熟悉和擅长的领域成为个中翘楚。为此，个体要发现自己的短板，通过不断地学习、学习、再学习，积极提升自己的技能，提升自己的软实力，当获得了团队或周围人的认可时，就会在团体中享有一定的地位和声誉，并由此获得良好的社会评价，进而产生积极的情感体验，这就是自我价值感。于是，伴随着评价越来越高，自我价值感也会相应地得到提升。

所谓关注他人，是指关注他人的“对”与“好”。个体要适应竞争激烈的丛林生活，若一味地缩在舒适区，被动地逃避竞争的痛苦，只能被残酷的丛林规则吞没。个体在关注自己，提升自己的同时，还要注意关注他人。要注意的是，是关注他人的“对”与“好”。当一个人能更多地、不断地看到别人的“对”与“好”，他就会发现自己身处的世界比原来要美好太多了。这是因为，他将注意力集中在了自我成长上。

其次，要注意提升自己的元认知能力。所谓元认知能力，就是对自己的思考过程的认知与理解。一个元认知能力强的人，纵然在阅读时也会时刻关注自己的思考与思路，时刻对自己的思考与思路进行反思。这种思考和反思能力，会提高个体思考问题的深刻性，培养高屋建瓴的视野，对个体的成长相当重要。要提高元认知能力，可以从三个方面入手：一是养成沉静思考的习惯，最好每天给自己留一段独处的时间，15 ~ 20 分钟即可，这时将全部的注意力集中起来，思考、调整，训练自己的专注力；二是培养自己对兴趣的专注力，这种专注力不同于被外部控制而被动达到的全神贯注状态，而是一种主动的、全身心的投入；三是每天给自己至少 10 分钟左右的反思时间，反思自己的思路和思考结果，思考自己当下的一些想法是否存在逻辑谬误等。

经过这样的训练，我们的思考能力就会变得格外强大，提升做事情的决断力和周全性，从而提高成功率。

升级“内驱系统”

当前，拖延已成为日益突出的一种行为问题。这种行为普遍存在于生活、工作和学习中，影响到人们的幸福感、身心健康等各个方面。严重者，这一行为会影响个体的成长，导致个体失去竞争力，将其置于“丛林”中的“弱者”地位，进而影响其在“食物链”上的地位。为了保证个体在“丛林”中的竞争性，稳定地提升地位，就需要远离拖延。

那么，拖延是如何产生的呢？应该如何克服这种行为，避免其影响我们的竞争力呢？下面一起来看一看。

所谓拖延，简言之就是“明日复明日”，不断地将今天的事推到明天去。而拖延症是指那些主动选择的、不理性的、长期的拖延行为，也就是明知道可能会出现的负面结果，却仍然选择拖延的行动。

拖延一般会表现在一些小事上，但所谓积沙成塔，日积月累成为习惯，就会影响到个人情绪，导致个体不断地自我否定、自我贬低，伴生出自责、歉疚、焦虑等心理问题，并加重而成为拖延症。那么，个体出现拖延行为的原因是什么呢?

心理学研究表明，个体出现拖延行为是出于对失败的恐惧。这是针对那些承担着多项任务，由于选择的问题导致其中的一项延迟，从而造成不利的后果的情况。而这一拖延行为，是由于个体对任务或任务结果的排斥感，于是在趋利避害的心理下做出故意回避结果的举动。这种现象并不少见，比如个体在接受某项任务时，知道任务的获利低于自己的期望，于是在可以选择的情况下故意拖延任务的完成。

拖延产生的另一个原因是受个体的个性特质影响。心理学基于五大人格特质的研究发现，一些拖延的产生是由于个体过分追求完美造成的。当个体过分注重事情完成的完美程度时，就会过多地关注细节，缺少整体感，于是在对自己高要求的心理影响下，期待自己做的每一件事都完美无瑕，都能获得最大范围内的人的认可。殊不知，正是这样的一种期待，导致了拖延的行为。

Anna是某企业研发中心的骨干。无论是收入还是地位，Anna都属于行业的佼佼者，在这种优势环境和心理作用下，她逐渐形成了清高孤傲的个性。最近一段时间，公司提出一个新的研发项目，Anna提出了诸多创新想法，希望可以担任该项目的负责人。然而，这些想法没被老板采纳，Anna也没能成为该项目的负责人。最后，极度挫败的Anna接受了现实，承担起另一个项目的研发工作。但自新项目开展以来，Anna始终无法进入状态，好不容易到了收尾阶段，Anna又发现自己负责的项目出现了问题，严重影响了项目进度。这对于一向做事追求尽善尽美的Anna来说，可是一件影响其个人形象的大事。于是，在项目进度和焦躁心理的双重压力下，她再也无法沉下心去研究，开始寻找各种理由逃避去实验室。最后，在同事和老板的不断催促下，项目比预期时间晚了半个月才收尾。

Anna的行为就属于典型的拖延行为。导致她的拖延行为的根本原因就在于，她此前的受挫心理令她产生了痛苦心理，于是追求完美的她启动了内心的逃离痛苦的自我保护机制——拖延——延迟痛苦的到来。

Anna的经历提示我们，想提升竞争力，除了要实现自我改变外，还要修炼自己强大的内心，努力为自己的“内驱系统”升级。须知，人的内在能力如同一台电脑的CPU，倘若想在竞争激烈的“丛林”中获得更大的发展，强大自己的内心，就要为其不断升级、扩容。而要扩容，当然离不开学习力。不过要提醒的是，这种学习力绝不仅仅是知识储备的提升，更重要的是强大自己的心灵，即提升自己的抗压能力，适时引导自己放松心灵，从而远离拖延心理的危害。

怎么做呢？最为直接的方法就是练就平常心，学着做一个普通人，科学、合理地扩大自己的“心理舒适区”。所谓科学、合理地扩大心理舒适区，是针对如同 Anna 一样，过度紧绷，以至于让自己处于焦虑状态下的个体而言的。

心理专家研究发现，导致人体疲劳的主要原因是精神和情感因素。关于这点，英国心理分析学家海德费在其《权力心理学》一书里做出了明确论断：“我们感觉到的疲劳，都是心理因素作用的结果。实际上，纯粹由生理引起的疲劳是很少的。”美国心理分析学家布列尔对疲劳的原因给出了更为具体的概括：“一个坐着的工作者，如果健康状况良好的话，他的疲劳全是受心理因素也就是情感因素引起的。”

由此可见，处于紧绷状态下的个体，借助于心理舒适区的扩大为自己减压，不但可以避免产生烦闷、懊恨的情绪，减轻不受重视感以及忙乱、焦急、忧虑等负面心理，而且可以避免患上疾病，提升工作效率。

为了扩大心理舒适区，个体首先要清楚地认知自己当下是否处于心理舒适区内。一般来说，处于紧张、焦虑和情绪紧绷状态下的个体，已经远离了心理舒适区。在明确自己当下的状态后，要让自己发生改变，这种改变可以从寻找让自己心神安定的事情入手，比如选择自己喜欢的某本书，静静地阅读；去接触一下自己从前想了很久但一直因为诸多因素没去做的事情……

这样一来，在从事自己喜欢的事情的过程中——获得快乐——达成身心放松的目的，就会在享受当下的同时，减轻了压力，调整了情绪。

当然了，个体可以针对自己的个性和爱好选择适合自己的方式，让自己在变化中享受快乐，提升幸福感。如此一来，当个体的心态平和、安定后，再重新回到需要完成的任务和计划中，一张一弛的变化就会去除懈怠，激发动力，反而更能获得大的进步。

除了这种方式，还可以采用调整目标的方法，改变自己设定的过高的目标，以切合“最近发展区”理论，减少挫败感的产生。比如从前要求自己每天在一个小时内阅读完三篇资料，不妨调整为 30 分钟读一篇。当任务的困难程度降低了，目标就能较轻松地达到，完成过程中的艰难感和最终没有实现目标的挫败感就会相应减少，失败引发的挫败感自责、压力也会消失。

此外，还可以采用任务分解法，将自己手中的任务或目标分割成一个一个的小目标，逐个击破。当目标成为一个小小的步骤时，“内驱系统”就会升级，那种拖延心理就会减少，甚至在成功的激励下消失。

切记，“一定要”改变和“想”改变是有本质区别的，其区别就在于心态。“一定要”具有不达目的誓不罢休的决心，“想”还停留在思考的过程中，仅是一种想法而已。因此，采取以上方法时，一定要明确意识到拖延对自己的影响之大，并由此确立改变自己的坚定的决心。

从“恐惧区”到“成长区”

Ava一直渴望能得到升职的机会。当然并非现在的职位不好，但倘若可以再升一级，不但收入可以增加，还会得到更多额外的福利，谁会拒绝呢？在Ava的盼望中，机会终于来了。

国内排名TOP 10的一家公司和Ava所在的公司合作开展一个新项目，Ava所在的部门承担着新项目的市场推广工作。合作方提出需要一名业务能力强，且口才好、反应快、应变能力强的人。口才好、反应快，应变能力强的人，Ava所在的部门并不缺，难就难在还要业务能力强。当时合适的人选只有两个：Ava和Sophia。Ava想获得这个职位，却又担心自己能否胜任这一职位如此众多的任务要求，一旦失败可能都无法重回现在的职位，以至于影响到收入。就在她左思右想、犹豫不决之际，Sophia 说：“Ava，既然你没勇气，那我就试一试了，毕竟这是一个升职的好机会。”结果毫无悬念，Sophia 获得了这个机会，且最终成功升职，Ava 内心酸涩不已，恨死了自己“想去又不敢去”的纠结心态。

Ava 的失败，是败在了她的恐惧心理上。她在即将走出舒适区的那一瞬间，因为恐惧即将面对的未知结果而丧失了进入“学习区”的勇气，失去了一次提升自己的机会。心理学研究表明，恐惧改变是阻止个体走出“舒适区”，无法进入“学习区”的最主要因素，从而令他们失去成功的机会。然而，越是害怕，越是失去，于是就出现了你一次次和机遇失之交臂的场景。然后，越是失去，就越是无法正常发挥，进而陷入一个恶性循环，沦入失败怪圈。造成这种现象的原因就是约拿情结在作怪。

约拿情结是美国心理学家马斯洛提出的。这一说法源于基督教的一个人物——约拿，这个词的意思是“鸽子”，代表驯良和传递。约拿出生于古西布伦，即雅各的第五子所在的地方。他是耶罗波安二世时的先知，承担着神的差遣，将悔改的信息传递给以色列人或异国的人民。据说，约拿在完成了神托付的一件大使命以后，就将自己隐藏起来，不让人们纪念他，因为他害怕自己名不副实。在他看来，他做工作是不得已而为之，是蒙了神的大恩才完成的，人们理应将感恩之光投注到神那儿。因此，马斯洛以这个人物的名字揭示了固着于人们内在的那种悔恨心理，即成长中的恐惧。

从心理动力学的角度分析，这种固着心理源于个体固化的思维模式。固化思维模式的说法是斯坦福大学心理学教授卡罗尔·德韦克在《终身成长》这本书中提出的。他指出，思维模式有两种：一种是固定型思维模式，一种是成长型思维模式。拥有前一种思维模式的人认为，个体的能力是固定的，需要被证明；拥有后一种思维模式的个体则认为，人的能力是可以改变的，是可以借助于后天学习加以培养的。

这两种思维模式是如何产生的呢？个体发展心理学的相关研究表明，幼儿与生俱来就拥有强烈的求知欲，会主动学习走路、说话，从不担心自己犯错或丢脸。于是在不断跌倒的过程中，学会了走路；在咿呀学语的过程中，吐字变得清晰，学会了说话。随着个体成长，人们开始具备自我评估能力，慢慢形成了认知能力，这是人们成功地完成活动最重要的心理条件。深入的研究表明，在自我评估能力形成的过程中，过多的否定和挫折更容易培养出固定型思维模式，认可和鼓励容易培养个体的成长型思维模式。

美国心理学家加涅（R.M.Gagne）指出，人类具备 5 种认知能力，即言语信息，就是回答“世界是什么”的问题的能力；智慧技能，即回答“为什么”和“怎么办”的问题的能力；认知策略，即有意识地调节与监控自己的认知加工过程的能力；态度，即情绪和情感的反应，这是形成学习者的态度，使学习者形成影响行为选择的内部状态或倾向；动作技能，即有组织、协调统一的肌肉动作构成的活动。

这些认知能力的形成，一方面是伴随生理发育形成的，另一方面则与个体成长环境和接受的教育有着极大的关系。尤其是认知策略，它反映个体对信息进行有效加工与整理的能力，以及对信息分门别类的系统储存能力。正是基于此，当个体从外界获取信息时，个体会伴随着知觉、记忆、注意、思维和想象能力的提升，形成对问题的认知，即思维模式。

一个正在形成以上能力的个体，一旦长时间地获得“你表现好，我们就认为你聪明”“你表现好，父母就以你为骄傲”之类的信息输入，就会形成固化的思维模式，认为只有自己做得完美，只有自己感到事情易如反掌且他人无所适从时，自己才是最聪明的，从而过于在意他人的评价，害怕失败，不敢犯错，凡事追求完美，输不起。

相反，如果个体长期获得的信息是：“今天你在 A 方面表现得聪明，昨天你在 B 方面也表现得相当聪明。”“看着你一天天成长和进步，我们感到骄傲。”……个体就会认为只要自己努力尝试，获得此前无法实现的目标，那么自己就是聪明的，进而获得“我具有多种能力，我仅须做我自己，让自己一天天更好即可”的认知，由此形成成长型思维模式，从而更多地关注个人的成长，不在意他人的评价。

面对“你什么时候觉得自己很聪明”这样的问题时，两种思维模式会给出不同的答案。固化思维模式的个体，因为在成长中形成了“我的表现好坏，决定着他人对我的评价”的固化思维习惯，无法接受自己的失败，进而对失败产生恐惧，对成功充满怀疑的不自信。

如此一来，具有固定型思维模式的个体即便过五关斩六将，最终拿到理想的 Offer，也会在开始工作的时候缩手缩脚，无法正常展现自己的才华。原因很简单，尽管经过自身的努力终于得到可以实现成长的机会，却基于追求完美，不希望看到评价者的失望，一再怀疑自己，以至于放任机会从眼前溜走……

如何走出这个怪圈，走出这样的死循环呢？那就要摆脱约拿情结的影响。首先要从心理上客观认知，接纳自己的约拿情结，要在心理上进行自我觉察，不妨学会反问自己：如果成功了会发生什么？如果失败了，最坏又能怎样？不断地有意识地进行自我觉察，展示自我，深度接纳自己，获取自我能量。其次在行动上，不妨从自己拿手的事情开始，从自己信任的小圈子开始，一步一步改变自己。

当个体的自我改变获得外在认可，其内心就会源源不断地输入正能量和动力，进而获得成长的力量，敢于正视恐惧区，进入学习区，在更广的范围表达和展示自我，慢慢拥有更多的机会。

切记，每个人生来都自带光芒，只要我们能发现自己被赋予的特长，让自己在特定的领域里发光，不断学习，发掘自己在擅长的领域里的卓越的潜力，勇于正视真实的自我，就可以看见未来的光明。

从“兴趣点”开始行动

人的一生中，机遇无处不在，但机遇稍纵即逝，不会等待个体在做好所有的准备后再去将其抓在手中。丛林法则提醒我们，不具备足够的学习力和自我成长的动力，非但不能抓住机遇，还会让自己失去生存的空间。为此，个体在进入“学习区”后，要不断学习，成就自己。

为此，我们就不能不谈一谈红绿灯效应。红绿灯效应是基于红绿灯思维提出的。司机驾驶汽车在市区行驶，遇到红灯会自然地将车停下来，因为他知道如若不然就要遭到严厉的处罚。而司机驾驶汽车在市郊行驶，在没有红绿灯的情况下，会依据情况减速、加减或匀速行驶，这是源于司机能在不同环境下采取不同的应变策略。这种红绿灯思维，就是个体在自然情况下适应环境的一种变通思维。它提醒我们：个体要适应社会环境的变化，就要针对前行的路况随机调整自己的状态。其中，绿灯效应代表的是接纳和学习，红灯效应代表着规则意识。

个体生存于社会环境中，当依据共通的规则发现自己因为过分耽于舒适区而不思进取，或者恐惧于成长或变化而长时期固守于当下所谓的“舒适区”时，就需要借助于红灯效应发现自己的问题，再借助绿灯效应学会接纳和学习，提升自己，适应变化。

每个人的发展都是不太平衡的，都有着自己的强项和弱点，一些个体之所以无法走出“舒适区”，是因为他们不能正确地认知个人的所长，以至于妄自菲薄，丧失了改变的可能，最终错失机遇。因此，个体要真正扩大“心理舒适区”，做出改变，首先就要认清自己的所长所短，发挥自己的强项，才能获得更好的成绩，让自己得到最好的发展。这是心理学上的瓦拉赫效应提示我们的。

奥托·瓦拉赫是诺贝尔化学奖获得者，他成功的过程就是发现所长，获得成就的验证。瓦拉赫上学时，由于不清楚自己的所长，于是他听从父母的安排选择了一条文学之路。结果事实证明，文学实在无法展示他的才华，却成了击败他的短板。面对着一学期后老师给出的评语，他清楚地意识到，尽管自己很用功，但并不是文学的可造之才。因为个性的原因，无所适从的他于迷茫中又接受父母的安排去学油画，而他又发现油画同样非自己所长，因为他不善于构图，也不会润色，最终成绩全班倒数第一，被评为“笨拙”后，他几乎陷于绝望。

幸运的是，在这一过程中，他做事一丝不苟的优点得到了老师们的一致称道。他也发现，沉静的研究工作更加适合自己。于是他在老师的建议下，投入到化学的学习中。他的兴趣得到彻底激发，智慧的火花被点燃，最终找到了自己的发展之路，获得了成功。

瓦拉赫的成功让人们认识到，个体的智能发展是不均衡的，每个人都有自己的智慧强点和弱点，倘若想获得惊人的成绩，就要找到发挥自己智慧的最佳点。这就是瓦拉赫效应的来历。

因此，当个体试图走出舒适区时，首先要学会直面自己，敢于接受自己在某方面的不足和缺点。接受是承认客观事实，而非自我否认，直面是为了客观认识自己的长短，更彻底地“知己”，然后才能清楚自己该扬“何长”，该避“何短”。因此，不要因他人的贬低而失去信心，而是要学会不断寻找，发现自己的兴趣点，找到自己最好的方向。

Joe 来自一个富庶的中产家庭。从小顺风顺水的生活，造就了 Joe 平和的个性。顺利地升入大学后，他一直以来的打算就是子承父业，毕业后接父亲的班。大学毕业后，Joe 顺理成章地成了父亲的助手。如果不是一个意外的发生，Joe 的人生或许一眼就可以望到头。

Joe 清晰地记得，那是毕业三年后的同学会，他和几个好友在酒吧放纵自己，怀念校园的生活。次日清晨，宿醉未醒的 Joe 来到客厅，看到的是沙发上一脸懊悔的父亲和哭泣的母亲。原来，公司偷税的事情暴露，父亲不但要面临巨额罚款，而且此后家里的生活也会一落千丈。Joe 在震惊之余，感到有些无所适从甚至恐惧，事实很清楚，他必须承担起赚钱养家的责任。

一直生活在舒适区的 Joe，这才发现竞争是如此残酷，要想找到一份好工作并不容易。好在当初扎实的学业让他收到了几份 Offer，但选择又成了难题。几经思虑和比较，他选择了一家理财公司提供的数据分析职位，放弃了收入更高的风投行业。原因是他对数字敏感，上学期间还曾获得过相关的奖项。就这样，Joe 在自己喜欢的数据分析领域埋头工作，并不因为数据分析的枯燥而感到无趣，那些数据总能让他收获无穷的乐趣。几年后，他不但凭着收入供养父母安享晚年，而且自己也成为行业的顶尖人物，成为许多公司争相聘请的专家。

无论个体是出于主动还是被动地离开舒适区，要获得自己在丛林中的生存空间，直面现实，找准兴趣点，从自己擅长的事情入手，都是一件可以更大概率地获得成功的选择。无论你是属于“懒癌晚期”，还是困于“拖延症”，当你不得不走出舒适区时，瓦拉赫效应是你必须要理解并实践的。

须知，置身于舒适区，我们固然会因为或懒或拖而身心愉悦，想固守当下的那份安逸，但“世外桃源”并不始终存在，终有被丛林的喧嚣打破的时候。既然如此，不妨就从当下开始，找到自己的兴趣点，从自己擅长之处入手，奋斗的愉悦和成功的喜悦会让你感受到战胜自己的别样快乐，你也会发现自己远比想象的坚强且能干。

所以，倘若你还在犹豫如何迈出改变的第一步，还犹豫着准备待在自己设定的舒适区里，不妨不卑不亢地客观地审视自身，从兴趣和擅长之处入手，从自己早就想做却迟迟没做的事情入手，踏踏实实地迈出第一步，哪怕是很小的一步，未来的那个你都会感谢今天的勇敢改变。

像“飞轮”一样飞起来

提到亚马逊，可谓无人不知，无人不晓。它是美国最大的一家网络电子商务公司，更是网络上最早开始运营电子商务的公司之一。这个从经营网络书籍销售业务做起来的公司，如今经营范围几乎涵盖了人们生活的方方面面，已经成为全球商品品种最多的网上零售商和全球第二大互联网企业。回顾亚马逊的发展历史，管理专家吉姆·柯林斯（Jim Colins）在其作品《从优秀到卓越》（*Good to Great*）中指出是飞轮效应的作用结果。

何为飞轮效应？它又是如何在亚马逊的成长历程中发挥作用的呢？飞轮效应，其实源于物理学的力学原理，它是指在令静止的飞轮转动起来的过程中，一定要用极大的力气反复一圈一圈地推或蹬轮子，尽管初始的每转一圈都相当费力，但是在一圈一圈地努力下，整个轮子就会越转越快，最后达到高速运转，如同飞起来一样。当达到一个很快的速度后，飞轮所具有的动量和动能就会很大，纵然失去外力，轮子在短时间内也不会停下来，即便想让其停下来，也必定要提供极大的外力。

按照这一原理，吉姆·柯林斯分析了亚马逊经营之成功就在于其能不断地推动自身旋转，直至形成无可抗拒的力量，最终实现自我突破。回顾亚马逊的成功经历，就是一步一步，如同让轮子旋转起来并逐渐加速而发展起来的。它的第一环开始于初创时期的图书经营，当时它的市值不到4.5亿美元。随后，柯林斯不断为自己的这个巨轮增加外力，CD、玩具、电子产品等。在增加产品外力的同时，他还借助于多种手段推动巨轮旋转，这其中就包括培养员工对消费者的敬畏之情，促使其提升服务品质，建立更加专业的销售平台，让更多的商家进驻亚马逊的销售网站，优化消费者的购物体验，吸引更多的消费者加入推动巨轮的行动中。

就这样，一步一步，推动巨轮旋转的外力由小变大，从大变得很大，再变得巨大，同时巨轮本身也在不断地进行技术升级和改造，众多合力在一起，巨轮最终飞速地旋转起来，进而形成现在自如旋转的态势。

亚马逊的成功，说明从优秀到卓越的转变并非一蹴而就，更不是某个外来的奇迹创设的结果，而是一个沉重的巨轮在不断地推动下不停地旋转，直至最终实现自我超越的结果。这一道理同样适用于个体的发展。

在竞争激烈的丛林中，面对相同的目标，谁跑得快，杀伤力强，谁就能最终获得猎物。为此，走出舒适区的个体，要获得成功，实现自我突破，就要如飞轮效应提示的那样，不断地努力和坚持，不断地学习，让自己在此过程中实现从量变到质变，破茧成蝶，才能最终获得成功。

提到陈士骏，或许一些人并不太清楚，但提到 YouTube，提到 Steve Chen，相当多的人会不由自主地露出“原来是这家伙”的表情。没错，陈士骏就是 YouTube 的创始人 Steve Chen。而陈士骏的成功创业之路，其实就是不断学习、努力和坚持，最终从量变积累到质变突破的过程。

陈士骏祖籍上海，出生于中国台湾，8 岁时随全家移民到了美国。陈士骏的学习生涯中，少了些取悦父母或他人，多了些为自己的快乐而学。正是由于这个原因，陈士骏得以早早就找到自己的兴趣点，遇到一生最爱——编程。从自己喜欢的事情开始，他瞄准了自己人生之轮的起点。六年级时，他写下了自己的第一个程序，开始为人生之轮添上第一股外力。此后，伴随着高中时期对 BASIC 语言、C 语言的熟练掌握，他让自己的飞轮开始加速。

当然，如果没有外力的注入，再小的飞轮也是转动不起来的。高中毕业后，陈士骏顺利进入了全美排行第五的伊利诺伊州大学香槟分校，学习计算机专业。中产家庭可以为他提供优渥的生活，但并不能给他的轮子以足够的力量。陈士骏并没有让自己沉入他人夸赞和家境优越的舒适区，而是努力学习，提升自己。从此，他开始了整天和计算机爱好者为伍的生活，白天上课，晚上写程序到四五点，乐在其中，无法自拔。

大学生涯的最后一个学期，陈士骏遇到了为飞轮加速的一个机会：硅谷一家创业公司急需人才。经过慎重思考，他放弃了毕业后进入大公司，成为优秀的程序员的机会，辍学成为一家创业公司的普通程序员。这家创业公司就是 PayPal——美国“支付宝”。

从此陈士骏的人生之轮进入了加速期，但他也付出了更大的努力，更持久的坚持。初到 PayPal，他借住在师兄家的地板上，从事着编写基础代码的工作，每天加班到凌晨三四点。付出终有回报，三年后，PayPal 成功上市，陈士骏获得了 200 万美元的收益。随后，PayPal 被 eBay 收购，陈士骏的坚持获得了更大的回报和更高的职位，并由此进入了大多数人认为的舒适区。然而，舒适区并不舒适，他能感觉到人生之轮的速度变缓，于是在三年之后，他毅然走出舒适区，辞职而去，就此开始人生的新挑战，开始为人生之轮进行第二波加速。

2005 年，陈士骏和前同事赫利等人在旧金山开始创业——做一个专门播放视频的网站。这就是后来的 YouTube。他们以赫利家的车库为办公室，开始了网站的创设和开发。你根本不会想到，不同于如今火热的境况，当时的 YouTube 几乎无人问津，成立 5 天都没有一个用户注册。但即便如此，陈士骏也没放弃，而是不断思考问题所在，重新构思，逐渐积累，才最终造就了 YouTube 后来的辉煌。2005 年 4 月 23 日，一条仅 19 秒的短片被上传到 YouTube 上，由此开始，成千上万的人注册并上传视频。陈士骏的坚持收获了，他的人生之轮又飞速地旋转起来。

2016 年 11 月后，Google 以 16.5 亿美元收购了 YouTube，陈士骏也华丽转身成为谷歌的股东，不但身价倍增，而且继续掌管 YouTube，事业可谓顺风顺水。然而，突患脑瘤再次令他的人生之轮减速，甚至险些停摆。但陈士骏的坚持，启动了人生之轮的第三次加速。

脑瘤手术后，陈士骏从 Google 离职，创立了自己的新公司 AVOS。这时的他，以亿万富翁的身价不是沉醉于舒适区，而是以每周 100 小时以上的工作热情战胜恐惧区，进入陌生的学习区，继续向前冲，持续地推动自己的人生之轮旋转着，加速着。

陈士骏的成功证明了飞轮效应之于个体成长的重要性，也证明了要打破舒适区的限制，扩大心理舒适区，重要的是有努力和坚持，只有这样，你才能走出属于自己的那条路，才能在残酷的丛林竞争中获得成功。

测试：你的职业兴趣点

要走出“物质舒适区”，突破“心理舒适区”，就需要找到自己的兴趣点和长处，面对挑战时要努力和坚持。美国职业指导专家霍兰德认为，个人职业兴趣特性与职业之间应有一种内在的对应关系。了解自己的职业兴趣点，可以帮助我们很好地选定方向，改变自己，更有效地获得成功。根据兴趣的不同，可将人格划分为研究型（I）、艺术型（A）、社会型（S）、企业型（E）、传统型（C）、现实型（R）六个维度，每个人的性格都是这六个维度的不同程度的组合。为此霍兰德根据大量的职业咨询经验及其职业类型理论编制了霍兰德职业兴趣测试量表，可以参考并帮助我们发现自己的职业兴趣所在。

霍兰德职业兴趣测试量表

请根据每一个题目的第一印象作答，不必细加推敲，答案不存在好坏、对错之分，仅需回答“是”或“否”即可。

1. 我喜欢自己动手干一些具体的能直接看到效果的活儿。

2. 我喜欢弄清楚有关做一件事情的具体要求，以明确如何去做。

3. 我认为追求的目标应该尽量高些，这样才可能在实践中多次获取成功。

4. 我很看重人与人之间的友情。

5. 我常常想寻找独特的方式来表现自己的创造力。

6. 我喜欢阅读比较理性的书籍。

7. 我喜欢居所与工作场所布置得朴实些、实用些。

8. 在开始做一件事情以前，我喜欢有条不紊地做好所有准备工作。

9. 我善于带动他人、影响他人。

10. 为了帮助他人，我愿意做些自我牺牲。

11. 当我进入创造性工作时，我会忘却一切。

12. 在我找到解决困难的办法之前，通常我不会罢手。

13. 我喜欢直截了当，不喜欢说话委婉。

14. 我比较善于注意和检查细节。

15. 我乐于在所从事的工作中担当主要责任人。

16. 在解决我个人的问题时，我喜欢找他人商量。

17. 我的情绪容易激动。

18. 一接触到有关新发明、新发现的信息，我就会感到兴奋。

19. 我喜欢在户外工作与活动。

20. 我喜欢有规律、干净整洁。

21. 每当我要做重大的决定之前，总觉得异常兴奋。

22. 当别人叙述个人烦恼时，我能做一个很好的倾听者。

23. 我喜欢观赏艺术展和好的戏剧与电影。

24. 我喜欢先研究所有的细节，然后再做出合乎逻辑的决定。

25. 我认为手工操作和体力劳动永远不会过时。

26. 我不大喜欢由我一个人来做重大决定。

27. 我善于和能为我提供好处的人交往。

28. 我善于调节他人相互之间的矛盾。

29. 我喜欢比较别致的着装，喜欢新颖的色彩与风格。

30. 我对各种大自然的奥秘充满好奇。

31. 我不怕干体力活儿，通常还知道如何巧干体力活儿。

32. 在做决定时，我喜欢保险系数比较高的方案，不喜欢冒险。

33. 我喜欢竞争与挑战。

34. 我喜欢与人交往，以丰富自己的阅历。

35. 我善于用自己的工作来体现自己的情感。

36. 在动手做一件事情之前，我喜欢先在脑中仔细思索几遍。

37. 我不喜欢购买现存的物品，希望能购买到材料自己做。

38. 只要我按照规则做了，心里就会踏实。

39. 只要成果大，我愿意冒险。

40. 我通常能比较敏感地觉察到他人的需求。

41. 音乐、绘画、文字，任何优美的东西都特别容易给我带来好心情。

42. 我把受教育看成是一辈子的不断提高自我的过程。

43. 我喜欢把东西拆开，然后再使之复原。

44. 我喜欢把每一分钟都过得有名堂。

45. 我喜欢启动一项项工作，具体的细节让其他人去负责。

46. 我喜欢帮助他人，提高他人的学习能力。

47. 我很善于想象。

48. 有时候我能独坐很长时间来阅读、思考或做一件难对付的事情。

49. 我不怎么在乎干活时弄脏自己。

50. 只要能仔细地、完整地做完一件事情，我就感到十分满足。

51. 我喜欢在团体中担当主角。

52. 如果我与他人有了矛盾，我喜欢采取平和的方式加以解决。

53. 我对环境布置比较讲究，哪怕是一般的色彩、图案都希望能赏心悦目。

54. 哪怕我明知结果会与我的期盼相悖，我也要探究到底。

55. 我很看重有健壮的灵活的身体。

56. 如果我说了我来干，我就会把这件事情彻底干好。

57. 我喜欢谈判，喜欢讨价还价。

58. 人们喜欢向我倾诉他们的烦恼。

59. 我喜欢尝试有创意的新主意。

60. 凡事我都喜欢问一个“为什么”。

测试结果判断依据：

（1）职业人格的类型：符合以下“是”或“否”答案的记 1 分，不符合的记 0 分。

传统型（C）：是（7、19、29、39、41、51、57），否（5、18、40）。

现实型（R）：是（2、13、22、36、43），否（14、23、44、47、48）。

研究型（I）：是（6、8、20、30、31、42），否（21、55、56、58）。

企业型（E）：是（11、24、28、35、38、46、60），否（3、16、25）。

社会型（S）：是（26、37、52、59），否（1、12、15、27、45、53）。

艺术型（A）：是（4、9、10、17、33、34、49、50、54），否（32）。

将得分最高的三种类型从高到低排列，得出一个（或两个）三位组合答案，再对照《人格类型与职业环境的匹配》得出人格类型所匹配的职业。

（2）人格类型与职业环境的匹配

型态	人格倾向	典型职业
现实型（R）	具有顺从、坦率、谦虚、自然、坚毅、实际、有礼貌、害羞、稳健、节俭的特征，表现为： 1. 喜爱实用性的职业或情境，愿意从事所喜好的活动，避免社会性的职业或情境。 2. 用具体实际的能力解决工作和其他方面的问题，较缺乏人际关系方面的能力。 3. 重视具体的事物，如金钱、权力、地位等。	工人 农民 土木工程师
研究型（I）	具有分析、谨慎、批评、好奇、独立、聪明、内向、条理、谦逊、精确、保守的特征，表现为： 1. 喜爱研究性的职业或情境，避免企业性的职业或情境。 2. 用研究的能力解决工作和其他方面的问题，即自觉、好学、自信，重视科学，但缺乏领导方面的才能。	科研人员 数学、生物方面的专家
艺术型（A）	具有复杂、想象、冲动、独立、直觉、无秩序、情绪化、理想化、不顺从、有创意、富有表情、不重实际的特征，表现为： 1. 喜爱艺术性的职业或情境，避免传统性的职业或情境。 2. 富有表达能力、直觉、独立、有创意、不顺从（包括表演、写作、语言），重视审美领域。	诗人 艺术家

续表

型态	人格倾向	典型职业
社会型（S）	具有合作、友善、慷慨、助人、仁慈、负责、圆滑、善社交、善解人意、循循善诱、理想主义等特征，表现为： 1. 喜爱社会型的职业或情境，避免实用性的职业或情境，并以社交方面的能力解决工作和其他方面的问题，但缺乏机械能力与科学能力。 2. 喜欢帮助别人、了解别人，有教导别人的能力，且重视社会与伦理的活动与问题。	教师 牧师 辅导人员
企业型（E）	具有冒险、野心、独断、冲动、乐观、自信、追求享受、精力充沛、善于社交，以及获取注意力、知名度等特征，表现为： 1. 喜欢企业性质的职业或环境，避免研究性质的职业或情境，会以企业方面的能力解决工作和其他方面的问题。 2. 有冲动、自信、善社交、知名度高、有领导与语言能力，缺乏科学能力，但重视政治与经济上的成就。	推销员 政治家 企业家
传统型（C）	具有顺从、谨慎、保守、自控、服从、规律、坚毅、实际、稳重、有效率、缺乏想象力等特征，表现为： 1. 喜欢传统性质的职业或环境，避免艺术性质的职业或情境，会以传统的能力解决工作和其他方面的问题。 2. 喜欢顺从、规律，有文书与数字能力，并重视商业与经济上的成就。	出纳 会计 秘书

抗挫能力测试

要在社会丛林中生存，面对不同程度的挫折，个体的抗挫能力大小决定了其受挫后恢复的能力。一个面对挫折弹性十足的人方能百折不挠，获得成功。下面这些问题可以帮助你测试自己抵抗和应对挫折的能力。

说明：在回答这些问题时，请你用“同意”或“不同意”作答。回答越坦白，越能测验出你的受挫弹性。

1. 胜利就是一切。

2. 我基本是个幸运儿。

3. 白天工作不顺利，会影响我整晚的心情。

4. 一个连续两年都名列最后的球队理应退出比赛。

5. 我喜欢雨天，因为雨后总是阳光普照。

6. 如果某人擅自动用我的东西，我会生气一段时间。

7. 汽车经过时溅了我一身泥水，我生气一会儿便算了。

8. 只要继续努力，我便会得到应有的报偿。

9. 如果有感冒流行，我常是第一个被感染的人。

10. 如果不是几次霉运，我一定比现在更有成就。

11. 失败并不可耻。

12. 我是有自信心的人。

13. 落在最后，常叫人提不起竞争的劲儿。

14. 我喜欢冒险。

15. 假期过后，我需要调整一天才能恢复工作状态。

16. 遭遇的每个否定都使我更进一步接近肯定。

17. 我想我一定受不了被解雇的羞辱。

18. 如果我向朋友表示友情的时候被拒绝，我一定会精神崩溃。

19. 我总不忘过去的错误。

20. 在我的生活中，常有些令人沮丧气馁的日子。

21. 负债累累的光景叫我寒心。

22. 我觉得要建立新的人际关系相当容易。

23. 如果周末不愉快，星期一便很难集中精力学习。

24. 在我的生命中，我有过失败的教训。

25. 我对侮辱很在意。

26. 如果失败，我愿意再做尝试。

27. 遗失了钥匙会让我整个星期都不安。

28. 我已达到能够不介意大多数事情的地步。

29. 一想到可能无法完成某件重要的事情，我就不寒而栗。

30. 我很少为昨天发生的事情烦心。

31. 我不容易心灰意冷。

32. 必须要有 50% 以上的把握，我才会冒险把时间投资在某件事上。

33. 命运对我不公平。

34. 我对他人的恨会持续很久。

35. 聪明的人知道什么时候该放弃。

36. 偶尔做个失败者，我也能坦然接受。

37. 新闻报道中的大灾难，会使我无法专心学习。

38. 任何一件事遭到否决，我都会寻求报复的机会。

分析量表：

上列问题，1、3、4、6、9、10、15、17、18、19、20、21、23、24、25、27、28、29、32、33、34、35、36、37 答案为“不同意”的得 1 分，其余题为“同意”的得 1 分，否则计 0 分。

10 分及以下：你是那种容易被逆境、失望或挫折左右的人。你把逆境看得太严重，一旦跌倒，要很久才能站起来。你不相信“胜利在望”，只承认“见风转舵”。

11 ~ 25 分：你遇到某些灾祸或逆境的时候，往往需要相当长的时间才能振作起来。不过这类人却能找到很多的技巧和策略来获取个人的利益。

高于 25 分：你应对挫折的弹性极佳。不理想的境遇对你虽然会造成伤害，但不会持久。这类人在感情上通常相当成熟，对生活也充满热爱。这类人不承认有失败，纵然一时失意，仍坚信有东山再起的一天。

（以上测试题引自 https://m.xzbu.com/9/view-5737381.htm，作者秦映刻。部分文字有改动。）

05

正视本我

找回，与生俱来的本性

正视自己的欲望

谈到欲望，有人马上色变，望而却步，好像一不小心自己就会被其吞噬，唯恐从此被贴上道德败坏的标签。实际上，欲望存在于每个人的内心，是人类无法消退的本能，正是它的存在，才让我们获得了生存的意志，唤起我们的竞争之心。因此，了解欲望对于个体的成长有着相当重要的作用。克里希那穆提说："对欲望不理解，人就永远不能从桎梏和恐惧中解脱出来。如果你摧毁了你的欲望，可能你也摧毁了你的生活。如果你扭曲它，压制它，你摧毁的可能是非凡之美。"

何为欲望？从心理学的角度来讲，欲望是从心理到生理的一种渴望、满足，也是个体存在必需的条件。作为一切动物最原始、最基本的本能，欲望是无限的，在某种程度上甚至会招致人们的反感。相反，需求因其有限，于是成为一种理所当然的存在。或许正是基于这个原因，欲望在“乔装打扮”之后，以各种不同类型的需求的形式出现在人们面前。这一点，可以从人本主义心理学家亚伯拉罕·马斯洛的需求层次理论中看到。

1954年，马斯洛在其作品《动机与人格》中，将人身上普遍存在的需要由低到高归纳为生理的需要、安全的需要、爱与归属的需要、尊重的需要和自我实现的需要五个层次，并指出：个体在发展的过程中，会优先满足低层次的需要，当其得到满足后，高一层次的需要就会随之出现。例如，倘若个体的饥饿等生理需要得不到满足，是无法寻求安全的需要的，因此其主要行为就表现为为了满足生理需要而不断努力；一旦个体的生理需要得到基本满足后，安全感就成为其必然的下一个需要。同时，马斯洛指出，作为一种不断有所需求的生物，人的身上存在着一些共性的且和人生发展、人格健全密切相关的需要，为满足这一个又一个的需要，人就会产生源源不断的前进的动力，也就是动机。

何为动机？动机是在需要的基础上产生的。当人的某种需要没有得到满足时，它会推动人去寻找满足需要的对象，从而产生活动的动机。简言之，当需要推动人们去活动，并把活动引向某一目标时，需要就成为人的动机。

由此，我们可知欲望、需要和动机三者之间存在着如下关系：欲望产生需要，需要激发动机，于是引发出个体的各种行为。因此可得出结论：欲望是人类行为的根本。只不过，基于人们对欲望的不良印象，它不得不以人们可以正大光明地接受的形式——需要——出现。因此，直白地说，正是欲望推动着个体不断前行。

如此一来，是不是欲望越高，个体的进步就越大呢？并非如此。心理学上的倒 U 形动机曲线非常形象地揭示了个体要获得大的进步，究竟要保持着怎样的欲望，并以怎样的需要形式展示出来。

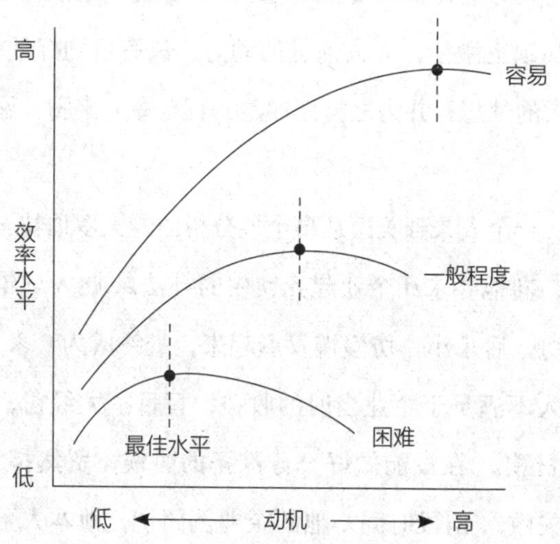

1908 年，心理学家罗伯特 · 耶基斯（Robert M. Yerkes）和约翰 · 迪灵汉 · 多德森（John Dillingham Dodson）经过多年研究发现，动机与效率之间并非线性关系，而是倒 U 形的曲线关系，即动机处于适宜强度时，此时的工作效率最佳；当动机强度过低时，个体因缺乏参与活动的积极性，于是工作效率会降低；当动机强度超过顶峰时，个体的工作效率不增反降，原因是过强的动机导致个体处于极度焦虑和紧张的心理状态，其记忆、思维等心理过程的正常活动受到干扰，进而影响了工作效果。

综上所述，身处丛林中的个体，要客观地正视自己的欲望，但要注意将其控制在合理范围之内。因为过于强烈的欲望如同烈火，会将人的活力和积极性无情地烧尽；过弱的欲望则会让人变得温暾而缺乏激情，失去前进的动力；只有恰到好处的欲望，才能催生人的梦想，并为之持续加温，直至令人沸腾，愿意为之奋斗。

一天，一个人来到美国从事个性分析的专家罗伯特 · 菲利浦的办公室，向他寻求让企业起死回生的办法。此人早年经营着一间小作坊，后来小作坊慢慢发展起来，最终成为一家大企业。然而这个人不满足于企业当时的收益，盲目扩大经营，向银行申请巨额贷款。在没能做好充分准备的时候，贸然扩大经营，结果招致失败。前段时间，他的企业倒闭了，他本人更是负债累累。

看着眼前这个双眼茫然无神，面部的每一个皱纹都写满了沮丧的男人，罗伯特想了想，说自己无力帮助他，不过倘若他愿意，可以为其介绍一个足以助其赚回所损失的钱且能东山再起的能人。这个人兴奋地跳了起来，抓住罗伯特的手，说："看在老天爷的份上，请带我去见这个人。"罗伯特将他带到一面高大的镜子前，这个镜子大到可以让这个人看到自己的全身。罗伯特指着镜子说："在这个世界上，只有这个人能够助你东山再起。你之所以失败，是因为你输给了自己。"这个人向镜子走了几步，用手摸摸自己长满胡须的脸庞，反复打量着镜子里的自己，然后后退几步，低头哭泣起来。后来，这个男人重回起点，踏实地一步一步做起，最终东山再起，成为芝加哥的富翁。

这个事例相当形象地说明了个体的欲望强烈程度与其当下的处境和心理状态有着密切的关系。大多数个体将追求金钱当作自己的动机，其目的是满足物质层面的需要，一旦物质层面的需要得到满足，个体的欲望就会自然地提升，进而将需要投入到精神层面。因此，欲望无善恶之别，只有程度之分。生活在丛林中的个体，存在欲望是正常的，倘若失去欲望才是反常的。当然，一旦个体为了满足自己的欲望，采用了违反法律或与人们的认知相抵触的手段，那就是反常的了。

所以，不必再讳谈欲望，请正视自己的欲望，了解自己的欲望，须知这也是一种内省行为，它意味着你之于人生价值的体验和个人良知的颐养。当你对自己的欲望了解得越深，就越了解自己的内心境界和素质，也就越能顺利地解决生活中的各种问题，包括舒适区导致的耽于现状、不思进取，并让你能正视自己与他人或者目标的客观差距，既不缩小，也不放大，于是你得以看清他人的优势和自己的劣势，既不会盲目否认，也不会盲目乐观。

须知，此时你的状态恰好是获得成功的重要前提。一个人只有勇于正视自己的缺点和不足，才能获得改进和强大的机会。因为调整后的你，会由内向外地焕发出动力，进而努力调整自己的状态，走出舒适区，进入学习区，让自己获得成长。

发挥自己的优势

一家旅店迎来了三位旅行者。第二天清晨，他们自带装备，出门旅行。前台看到，甲带了一把伞，乙带了一根拐杖，丙是空着手走的。晚上，旅客们都回到了旅店。前台看到，带着伞的甲竟然被雨淋得如同落汤鸡，带拐杖的乙跌得全身都是伤，走起路来一瘸一拐，只有空手出门的丙安然无恙。前台奇怪极了，忍不住询问他们。

甲苦着一张脸说："因为带了伞，所以大雨来的时候，我放飞自我，大胆前行，结果不知不觉就被淋湿了。"

乙一边揉着腿，一边说："大雨来临的时候，考虑到自己没有带雨伞，我就专拣躲雨的地方走，所以没被淋湿。可是雨后走在泥泞的路上，因为带了拐杖，我就放心地阔步前行，结果跌倒摔伤了。”

丙在一边安心地喝着水，笑着说：“因为没带伞，所以大雨来临时我就躲着走，因为没拐杖，所以雨后地面泥泞，我就格外小心，专拣平坦的地方走，所以我才一身轻松，没带伤口。”

这个故事启示我们，在相当多的时候，给我们造成挫折的不是我们的缺陷，而是我们的优势。所以，认清自己的优势，并发挥自己的优势，才能找到最适合自己的团队，让自己的才华找到发挥的平台。这就是成功心理学所说的优势理论。

优势理论是美国的盖洛普提出的。他所创立的盖洛普公司是优势研究及应用的领导者。据该公司的一项跨文化调查显示，世界各国的人们日常工作中使用自身优势的机会总体都比较少，至多也只有 1/3 左右的机会。因此，个体要学会正视自己，发挥自己的优势。

基于人的意识的重要作用提出的优势理论告诉我们，意识是人脑对大脑内外表象的觉察，是人脑对于客观物质世界的反映，也是感觉、思维等各种心理过程的总和。当意识连续运作时，个体就产生了思维活动，从而对所见之事物进行思考，形成自己对事物的看法，我们称之为思想。其中，自我意识就是思考的结果，是意识中最为重要的内容，是个体对外界刺激总体性的、独特的反应，是个体在成长过程中从具体的事件中综合出来的用于调控自我内部和与外界关系的手段。

心理学研究表明，作为意识行为的个体，人具有思维，而思维又是一个具有主观能动性的系统过程，可以相互促进和补充。但必须承认的是，客观上看，人的能力并不会因意识强烈而变大，也不会因意识过弱而变小，但意识却可以在某种程度上创造个体发挥能力的最佳生理条件，即能从自我的条件促使个体的最佳能力得以发挥。所以从这一角度而言，个体能力的发挥是由其意识决定的。当个体在意识上高度重视某个人或某件事时，其解决问题的能力就会得到较强的发挥；反之，当个体在意识上比较轻视某人或某事时，其处理问题的能力或许就会存在某些疏漏之处，进而导致发挥不佳。

由此可见，优势理论强调个体的主观意识对优势发挥的影响。它告诉我们，要发挥你的优势，无论是什么优势；要控制你的弱点，无论是什么弱点。而要做到这点，就要善于发现自己的优势和弱点。

如何发现自己的优势呢？确定自己的能力所在是重要的前提。在个体发展过程中，能力是最重要的条件，它是成功地完成某种活动所必须拥有的个性心理特征。能力包括多种类型，个人能力包括想象力、记忆力、联想能力、组织能力、沟通能力、领导能力、创新能力、学习能力、号召能力、适应能力等。个体只有清楚自己的能力，才能明确自己的发展方向，并在合适的领域将自己的才能优势最大化。

Peter 从小做事就比别人慢半拍，因此经常遭到同学的讥笑。当然了，对于这样的学生，老师们也谈不上喜欢。Peter 自己也试图改变，但从未成功过。上了中学后，Peter 的状态终于使得父母高度重视起来。在经过医生检查后，Peter 被诊断出患上了“动作障碍症”。这一诊断出来后，周围的人都认为他此生不会获得任何成就。然而，Peter 却坚信自己可以和其他人一样取得成功，并以此为目标确定了努力的方向。

他清楚地知道自己比别人慢半拍，但他认为，自己虽然慢，但有恒心，能坚持。所以，倘若自己愿意持续努力，坚持到底，那么很大程度上就会取得成就。于是，他开始了不断地坚持。因为坚持，他得以考入理想的大学；因为坚持，他在大学毕业后成为房地产行业的员工，并开始在行业崭露头角。在房地产公司，Peter 因为有耐心，能坚持为客户讲解相关的房产知识，能在挑剔的客户面前足够耐心地为对方提供数套房源而没有任何抱怨。在努力坚持几年后，Peter 不但积累了丰富的工作经验，也拥有了自己的客户资源。22 岁时，他创立了一家属于自己的房地产公司。此后，他的公司在美国的 4 个州建造了近 1 万座公寓，拥有900家连锁店，Peter的个人资产达数亿美元。雄厚的资本为他进入银行业提供了便利的条件，此后，他成了赫赫有名的银行家。

Peter的成功就在于他能认清自己的优势和弱点，找到自己的能力激发点，从而将自己的潜能最大限度地发挥出来。所以，在“丛林”中生存，要让优势成为助推人生的正能量，从而成就自己。

当然，确定自己的能力需要一些科学的手段，比如借助于能力测试量表，就是一个相当直接的方法。不过除此之外，个体还要学会自省，反思、回顾自己的成长过程，找到自己的优势，认清自己的能力。

现在，请拿出一支笔来把一张纸片分成两栏，在其中一栏中列出你的缺点或劣势，在另一栏中列出你的优点或优势。切记，一定要对自己坦诚，你无须因为没面子或害臊而小心翼翼，因为这张纸除了你本人，没人可以看到。写完后，请将两栏进行比较，看一看在相同的时间内，你列出的劣势和优势究竟哪一项多？思考一下，在列优势时，你是否感觉困难？

如果你列出的优势太少，或者在此过程中感觉太困难，那么请你马上在优势下面添上一条：谦虚。没错，就是谦虚，这也是你的一大优点。

明确了你的优势之后，你是否感觉格外快乐和幸福，是否感觉自信了许多？接下来，请发挥你的所长，要让优势得以最大程度地发挥，还要注意取长补短，即在尽可能发挥优势的同时，弥补劣势，以避免失败。但要注意的是，不要将过多的精力用于弥补劣势，只要不让劣势成为优势发挥的绊脚石，就足矣。须知，没有人是十全十美的，所有的完美均是相对的。

逃离“服从区”

Julia 大学毕业后就进入当地的一家公司做行政管理。十年过去了，她的收入并没有太大的变化，职位也没发生改变，变化的只是身边多了一双儿女要供养。许多人奇怪她竟然能在这样的薪资水平下工作了十年之久，而且没有换工作的打算。她却淡定地说：“习惯了，不想折腾。”

真的是不想折腾吗？诚如前文所说，每个人内心都存在着一种本能的欲望，这种欲望与当下的处境和需要密切相关。生活并不宽裕的 Julia 不是习惯了，而是长期身处服从区，失去了改变的热情，丧失了改变的动力。

所谓服从区，是布兰迪斯大学商学院组织行为学教授 Andy

Molinsk 提出来的一个心理学概念。它是指个体服从于他人的安排或社会文化的主流价值观的期望，放弃个人意志去工作或生活。长期处于服从区的个体，不能将真实的自我反映出来，不但丧失了自我认知和自我实现的意识，而且长此以往，他们会将他人的期望内化为对自己的要求，找不到真正的方向，进而由于丧失自我而长期陷入迷茫无力的焦灼状态中。

10 岁的男孩米可因为意外而失明，被迫进入盲人学校。学校里规矩颇多，死气沉沉。在这里，他被要求按盲人的方式生活和学习，于是原本热爱电影和自然的米可不得不学习纺织和盲文。这对于米可来说，不仅是身体上的挑战，也是心灵上的挑战。于是，他陷入了深深的迷茫和无助中。最终，他并没有选择服从，而是开始挑战当下的状态。最初，不愿意承认自己失明的米可将盲文工具推翻在地，因为一旦接受盲文工具，就代表着他承认自己的失明，承认自己无法完整地生活，无法完整地体验世界。接着，为了完成作业，他选择了录音机。通过录音机，米可找到了感受世界的另一种方式，他得以穿梭在各种声音里，用模拟的风声、雨声来展现内心想象的世界。最终，因为那份反抗，成年后的米可找到了自己与世界联系的纽带，也找到了自己人生的方向，成了一名音效师。

这是根据真实人物改编的意大利电影《听见天堂》的故事，

故事中的米可就是意大利国宝级盲人音效师米可·曼卡西。米可的故事折射了服从区之于个体发展的危害。个体一旦进入服从区，就会努力压抑自己的天性，始终按照他人或环境的期待塑造自我，将自己的声音和主张压抑下来，之后随着岁月的流逝，年龄的增长，就慢慢地学会了按照他人的期待工作和生活，以至于将这些期待和要求内化为个人的期待与要求，从而丧失了人生的目标。

因为反抗，米可走出了和其他盲人儿童不一样的人生。然而在现实生活中，相当多的成年人正身处米可反抗的服从区而不自知，只是因为这样做可以让自己获得他人或环境的认可。殊不知，当我们失去探索的冲动和表达的欲望后，我们就失去了自我，最终投入大量的时间和金钱将自己打造成他人期待的一台机械工作的机器，进而随着岁月流逝，自我意识渐离渐远，即使血肉模糊也不自觉，深陷痛苦而无助的深渊。

高尔基说:“照天性来说，人人都是艺术家。无论他身在何处，总是希望将美带到他的生活中去。”因此，寻找自我和表达自我是个体一生的奋斗过程，天性不应该被现实束缚，个体不应该将自己困于服从区，而是要主动发现服从区的危害，让自己勇敢地逃离，获得成长，寻找更大的发展和提升的机会。

1978 年 3 月，在新西兰首都惠灵顿，华裔后代安东尼出生了。作为一家大型水果连锁企业的少东家，他可谓自带光环。从小到大，全职太太的母亲将他照顾得极尽舒适。而在传统思想影响下的父亲，则给他最为严厉的管教，要求他必须上大学。18岁时，安东尼如父亲所愿考入大学——奥克兰文法大学，学习计算机科学专业。毕业后，他顺利成为IBM公司新西兰总部的一名员工，并很快因为工作出色而升任主管。尽管这份工作的工资待遇相当不错，但他却倍感压抑。2003年，一直被安排和顺从的安东尼断然向公司提出辞职，同时拒绝了父亲让他接手家族企业的要求，将成为一名优秀的厨师当作自己的人生目标。

可以想象，安东尼的想法对于父亲来说，是一件多么荒谬、多么可怕的事情。在传统思想影响下的父亲，一贯主张男人不能进厨房。然而，对服从区本能的抗拒和对厨艺的热爱，让安东尼顶着父亲的暴怒踏上了名厨成长之路。他选择在美国的一家烹饪学校开始学习，每天奏响锅碗瓢盆交响曲。半年后，他以全A的成绩顺利结业，成为顶级餐厅Jean Georges的学徒。又经过“偷师学艺”，四年后，他过五关斩六将，得以在白宫为奥巴马总统献上奢华的法国料理和最新研制的特色菜肴。随后，声名鹊起的他，不但实现了自己的人生梦想，而且突破梦想的极限，拥有了自己的品牌和餐厅，还与美国电视台合办了《高厨》节目，成立了网上烹饪学校“高厨大学”。

回顾安东尼的成功之路，不难发现，逃离服从区有多么重要。倘若安东尼一味地服从父亲的安排，结果只能成为一名优秀的程序员，更进一步成为一名企业管理者，根本不可能在自己感兴趣的厨艺上大显身手，又何谈创立自己的“高厨大学”呢?

可见，面对丛林中激烈的竞争，与其安于服从区，以佛系心态面对当下的状况，不如改变自己，寻找自我，有机融合自我追求与社会期待，发展与实现真实的自我。那么，慢慢地，你不但可以增强自身的竞争力，在丛林中获得自己理想的地位，而且还可以获得自己想要的生活。

因此，个体在成长过程中，一旦意识到服从在诸多方面凌驾于你的个人意志和激情之上时，就必须从全局角度全面反省，果断地迈出改变的第一步。

用“穷举法”扩宽选择

现实生活中，任何个体随时随地都在面对大大小小的选择，大到关乎生死存亡的抉择，小到涉及吃穿住行，甚至更多无意识的选择，不同的选择自然也会带来不同的结果。

Vincent 是一位临终关怀人员，他从事这个职业已经五年了。没人会想到，他曾是一家著名杂志社的知名编辑。

Vincent 在大学里读的是文学专业。毕业后，他进入一家杂志社做了一名编辑。虽然编辑工作负荷高、压力大，但收入并不低。Vincent 恰好功底扎实，年轻有为且精力旺盛，工作上手快，很快就可以独当一面。在这家杂志社按部就班地工作了五六年，Vincent 不但收入稳定，而且在社里小有名气。渐渐地，他开始安于现状，不思进取，得过且过，甚至迷上了喝酒。最终，相恋多年的女友忍受不了他享受当下、无欲无求的现状，离他而去。女友离开那天，他喝得酩酊大醉。醒来后，他去看了心理医生。

此后的一段时间，在心理医生的帮助下，Vincent 进行了深刻的自我剖析，找到了自己的问题所在：表面上自己处于“舒适区”，实际上内心却充满了畏惧。这两年，杂志社进了不少新人，他们思维灵活，富有创意，让他感觉自己老了，感觉地位受到了威胁。尤其是这一年来，他不断地做梦，梦中不是与老板争吵，就是去世的母亲带着他在花园里散步。心理医生建议他给自己一段时间，梳理好心绪，试着改变当下的状态。

休息半年后，Vincent 回到社里的第一件事就是递交了辞职报告。他做出了自己的选择：离开杂志社，做一名心理咨询从业人员。当然，这个选择并不容易。为了这份选择，他回顾了自己的成长经历，列出了自己的优势、劣势和成长中的收获，重新为自己树立了目标：做一名临终关怀工作者，给予许多临终者以帮助，帮助他们在最后的时光安详地离开。

如今，Vincent 在工作中不断地成长，内心充实强大，不但收获了给予的快乐，而且个人事业也得到了拓展，他已经拥有了一间个人心理咨询室。

Vincent 能在走出舒适区后找到适合自己的位置，得益于他做出的适合自己的选择。由此可见，一个正确的选择必定要经历科学的认知过程。

认知过程，是个体认识客观事物的过程，是个体对信息进行加工处理的过程，也是个体由表及里、由现象到本质地挖掘客观事物特征与内在联系的心理活动。它包括感觉、知觉、记忆、思维和想象等认知要素。个体对事物的认知，首先从感觉和知觉开始，先是对事物的个别属性和特性有一个初步的认识（感觉），继而认识事物整体及各部分的联系与关系（知觉），这一过程中，个体需要对获得的外部信息加以思考和分析（思维），同时还要调动已有的知识储备（记忆），在头脑中对过去形成的若干表象进行加工改造，使之形成自己需要的结果（想象），最后获得自己的判断，做出自己的取舍。

个体正是经历了以上的认知经历，才对自己获得的信息进行了客观的分析处理，进而确定自己的选择。因此，才有了从一组或一群中挑选最佳选项的选择性心理过程。为此，德国著名的管理学思想家、“隐形冠军”之父赫尔曼·西蒙指出，人类的认知经历了“问题解决—模式识别—学习”这三个基本过程。问题解决即分析、思考信息，调动记忆，对认知信息进行对比分析的过程；模式识别即经过加工改造、想象，在认识各信息的联系后形成的识别模式；学习则是将获得的模式信息贮存起来，成为自己的资源，以便日后随时取用。

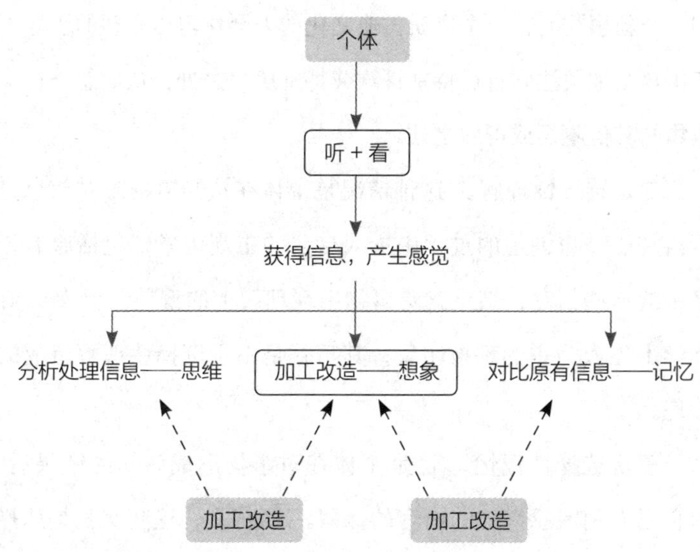

这一过程提示我们，选择绝不是一件简单的事情，它是一个复杂的心理过程。人越想慎重，心理过程就越漫长，选择的结果就越多了一份确定。当然，在这一过程中，个体同样会出现因为误判而做出的错误的选择。为此，个体需要提防选择性心理过程中的三个因素的误导。

一是选择性注意。选择性注意是个体的一种惯性心理，即个体在选择时，以自己的好恶和习惯，以及既定的信息和长期形成的价值观，关注相应的信息而排斥不一致的信息。这样的心理弊端会导致对某些有益的、重要的信息的忽略。比如，在看到一个新事物时，一个喜欢古典文化的人会在习惯心理的引导下不由自主地关注到自己特别喜欢或特别厌恶之处，从而忽略这一事物的其他不足或可取之处。

二是选择性理解。这种情况是个体在认知事物时对信息进行再加工、再创造的过程中加入自己的主观因素，包括原有记忆中的一些信息，结果就对事物出现理解上的偏差。比如，心理学上先人为主的刻板印象，其实就是由于选择性理解造成的偏差。

三是选择性记忆。这是个体在对事物形成认知的结果后，对自己有利或感兴趣的内容的保留。简言之，这其实就是选择的结果。这种情况在生活中相当常见，比如在第一次尝试某个新鲜事物后，再谈到这一事物时，我们首先想到的印象就是选择性记忆的结果。

由此可见，个体要做出一个正确的选择，真是相当不易。然而，选择又是必须要做出的。于是，当你学会了欣赏自己，开始越来越多地发现了自己的价值与特长，面对着罗列出来的自己的诸多优势而感到幸福的同时，也会产生一个烦恼——如何依据这些优势选择自己的发展之路?

穷举法可以为个体的选择提供帮助。穷举法原指对截获的密文依次用各种可能的密钥破译，包括顺序列举、排列列举和组合列举三种方法。穷举法对我们寻找自己的职业发展方向，确定自己的发展目标同样适用。

下面，请你拿出一支笔和三张纸，分别采用顺序列举、排列列举和组合列举三种方式，将自己面临的选择罗列出来。

第一步：采用顺序列举法，即按你的成长顺序，将你做过的工作罗列出来，并详细列出每段时间的工作内容和收获。

第二步：将以上列举的内容按排列列举法，即按不同阶段，对所做的工作和收获进行分类。比如大学期间做的工作和收获，工作第一年的工作内容和收获，工作第三年的工作内容和收获……依此类推。

第三步：采用组合列举法，将以上不同阶段的工作和收获按收获的多少、个人提升的快慢进行组合。

经过这样的梳理，最后展现在你眼前的就是一张个人成就和工作内容的关系图表。请你仔细分析这张图表，是不是对自己的选择已经有了把握呢?

来吧，做出你的选择，让自己的工作和生活发生改变吧!

寻找适合的“栖息地”

马斯洛的需求层次理论告诉我们，个体的需求存在着先后、高低之分。当基本层次的需求得到了满足之后，更高层次的需求随之产生。这些更高层次的需求就包括了归属感和认同感。

归属感是个体希望被接纳成为一段关系或一个群体的一部分的情感需求，它是个体自我身份认同的重要支柱，是人类生存的心理基础。这种心理需求属于安全感需求。归属感是否得到满足对个体的身心会产生极大的影响。心理学研究表明，每个人都害怕孤独和寂寞，都希望获得温暖、帮助和爱，以此消除或减少内在的孤独感和寂寞感，从而获得心理上的安全感。如果个体的归属感得到满足，个体就会获得良好的社会支持；反之，个体的身心均会受到不良影响。

美国密歇根大学曾进行了一项研究。研究者围绕着归属感、个人的社会关系网，以及活动范围、冲突感、寂寞感等问题设计了一份问卷，并向一部分重度抑郁症患者和一部分社区学院的学生派发了问卷。问卷结果表明，缺乏归属感会增加一个人患抑郁症的风险，归属感匮乏严重会引发大量的焦虑，甚至会对个体的心血管系统、内分泌系统、免疫系统，乃至基因产生不良影响。

在生命的长河中，归属感的需求会以不同的形式表现出来。婴幼儿时期，个体以被动的依恋满足自己的归属感，于是可以看到，婴儿依恋母亲，幼儿依恋家人、玩伴。伴随着个体心智的成熟、自尊的产生，个体将归属感的满足开始扩大到被动依恋之外的认同，于是可以看到，个体在学校渴望得到同学、老师的认同；步入社会，渴望得到同事、上司的认同。

由此可见，随着个体年龄的变化，尤其是成年后，归属感的满足极大程度地取决于社会和群体的认可。二者相较而言，群体的认可对于个体归属感的满足尤为重要。因此，对于步入职场、正式成为社会人的个体，一个良好的团队不仅提供了一份可靠的经济收入，更重要的是，为个体提供了一个展示自我的平台，借助于个人努力获得了社会和群体认可的机会，满足了个体内在精神层面的需求，让个体的归属感得到了满足。

盖洛普（Gallup）针对职场人员的一项调查表明，在大多数情况下，老板的品行是引发职场不满情绪的主要原因。由此可见，老板是决定职员心理“栖息地”好坏的重要因素。因此，在寻找“栖息地”的过程中，筛选并发现坏老板就变得格外重要。

心理学家 Noelle Nelson 在其作品《遇到坏老板怎么办?》（*Got a Bad Boss*?）中指出，或许大多数坏老板会在面试时将自己装扮成好老板，然而实际上，他们中的有些人却相当自恋，表现为极度自私且喜欢操控他人。这种过度自私表明其做事的动机不良。而一个人做事的动机能暴露其心灵最深处的秘密及其对世界的认知。动机越高尚纯粹，老板看到的全局就更为广大，其格局就更为深远，就越能从下属的角度思考问题。

哈佛大学的科学家们对非语言的教学效果进行过一项研究。在关闭声音的情况下，由外部观察员对教师的表情和身体语言进行观察，并对其教学水平进行评分。测试过程中，测试对象被要求边看录像边执行某项干扰认知能力的任务。最后的结果显示，短短 10 秒的教学录像所获得的评价结果，与学生接触教师一个学期后做出的评价结果惊人的一致。这一实验结果在某种程度上表明，我们可以马上在一个陌生人身上发现他最明显的优势。这项研究也从另一个侧面印证了第一印象原理，即个体与陌生人初次接触获得的印象。第一印象普遍存在于社会交往活动中，这种初次获得的印象往往会成为判断日后交往的依据和基础。

所以，个体不妨借助于人类具有的这种特殊的对他人做出判断的预感能力，帮助自己做出筛选老板的第一步。但要注意的是，这种预感能力并非全能，要做到全面认识一个人，还要考虑到个体的认知结构的影响。

个体的识人过程，实际上就是对一个人印象的建构过程。在这一过程中，个体的认知结构会让其下意识地对他人产生某个框架与模式的期待，会大量受到识人者自身的认知结构和印象形成过程的影响。当个体从对方身上获得的信息与自己的认知不一致的时候，就会按照自己的认知结构对这些信息进行重组，甚至歪曲，便会影响判断的准确性。所以，为了避免犯以偏概全的错误，以至于让自己错失好老板、好平台，就需要在综合分析、科学调查的基础上做出慎重的选择。

Jessica 正在为自己寻找一份理想的工作。朋友告知，一家销售手机应用程序的初创企业正在招聘一名商务拓展总监。在 Jessica 看来，就当前的形势来看，这是一家颇具前途的企业。经过电话面试、网络面试，Jessica 进入了最后一面——与老板直接对话。在对话的过程中，Jessica观察发现，这家企业的老板对企业规划过于夸大其词，对其个人的经历也略显浮夸。Jessica犹豫了。然而，为她提供信息的朋友再三强调，这个老板虽然言行粗鄙，但一定会是一个好老板。

慎重起见，Jessica进行了更为细致地了解和调查。她上网搜索曾在这家企业工作过的行业相关人士的脸书或推特，了解这些人在此工作时的反映，以及离开时的评价，同时，她还详细地计算了自己当前应聘的这个职位的空缺期。调查结果发现，过去在这家企业工作过的人对自己的老东家的评价实在不能称之为好，其中的某些方面恰好印证了她的直觉。比如一位离职的员工就曾在自己的推特上生气地说老板格局小，不信任下属，甚至深夜在其语音信箱里留言，怒斥其没有根据他一意孤行的意见修改某个细节。而职位统计结果也表明，在Jessica应聘前的一年时间里，这个职位前前后后竟然换过10个人。于是Jessica相当果断地放弃了这家公司，选择了位于布鲁克林的一家生产婴儿用品的初创企业工作。事后证明，新老板的为人正如自己面试时的感觉一样，不但为人谦和，而且相当专业，与其沟通特别顺畅，并能给予Jessica充分的信任，让她得以大展拳脚。

个体在选择“栖息地”时，除了要考虑老板的因素外，还要考虑团队的因素。因为团队的环境对于个体的成长尤其重要。

1971年，心理学家菲利普·津巴多进行了探讨人性的“斯坦福监狱实验”。这一实验是在斯坦福大学心理学系地下室的模拟监狱中进行的。受试者是24名心理非常健康的大学生，他们被分成两组，一组饰演狱警，一组饰演囚犯。随后，24名受试者被安排到监狱中，度过两周的模拟监狱生活。实验的第一天，由于两组受试者都清楚这只是一个实验，因此都不曾进入角色，而是满怀好奇地按要求做事，当然彼此也相安无事。不过，第二天“囚犯”开始暴动，“狱警”就想办法镇压并对其给予惩罚。渐渐地，那些扮演狱警的被试者开始真的认为这些“囚犯”是有罪的，对他们的言行越来越暴力。扮演囚犯的受试者受不了了，甚至出现一名被试者因精神濒临崩溃而中途退出了实验。虽然这次实验仅仅持续了六天就被迫中止，两组受试者却从原本没有任何差异的大学生走向截然不同的极端，甚至研究人员都深陷其中。

这一实验表明，环境对人的影响有多么巨大。由于同化的作用，个体会受其身处的环境的影响，其言行甚至思维均会因此发生或大或小的改变。为此，个体在选择“栖息地”时，要注意对所在团队加以考察。

一般来说，考察团队时要注意观察团队的工作氛围、团队的目标和团队成员之间的关系。关于这点，可以参考美国约翰·霍普金斯大学心理学教授约翰·霍兰德提出的霍兰德类型论。在这一理论中，霍兰德提出个人与环境的特征契合问题对个体的职业生涯的影响，其中六角形模式依个体的人格特质将个体划分为以下六个类型：

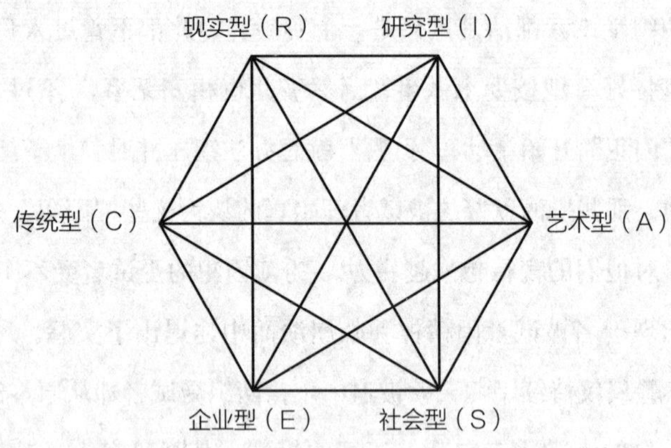

每一种类型的个体均具有明显的特征，个体要依据自己的个性特质，明确自己的团队适配性，从而选择合适的团队。具体的细节，读者可以阅读相关的书籍，此处不再展开讨论。

巧借“自己人效应”

由前文的分析可知，团队的认可可以满足个体的心理需求，使之产生归属感和被认可感，并对于个体的成长相当重要。为此，个体进入“栖息地”后，要想被团队成员认可和接受，需要从多方面提升和改变自己。

1961 年，法国心理学家纽卡姆做过一项实验。他对 17 位互不认识的大学新生做了关于一些社会问题的态度、个人价值观以及个性特征的相应测试后，故意将价值观相似的学生混合安排到几个寝室。16 周后，纽卡姆发现，在认识初期，距离近的室友更容易互相吸引，而到了后期，反而是态度和价值观相似的学生更能互相吸引，他们甚至要求住在同一寝室。由此，纽卡姆提出了著名的自己人效应，即个体之间态度和价值观越相似，越能互相吸引。

俗语说："一滴蜜比一加仑胆汁能够捕到更多的苍蝇。"人心也是如此。在融入团队的过程中，倘若个体能寻找到自己和团队成员之间的相似点，就会让对方获得一种心理上的安慰和满足，即让其内在的被认同感和归属感得到满足，对方就会感受到你发自内心的善意，产生你是"自己人"的感觉，进而愿意与你沟通，将你与自己视为一体。加之你在沟通中又表达出自己对对方的好感，更拉近了彼此的距离，于是彼此之间的相似点就被放大，并让友谊继续下去。

这种寻找相似点的方法，实际上就是抓住每个人均在追求平衡的心态，将自己和团队成员拉到一个水平线上，即无论自己的外在或内在条件多么好或多么差，都要让自己与其处于同一水平线上。当双方的距离缩小到尽可能近的时候，对方的心理平衡感就会得到满足，接着再借助人际交往形成角色互动，在互动的过程中让团队成员愿意接受你。比如在团队进行项目争论或者与一些团队成员沟通中，首先给予对方认可，当对方在问题的认识和判断上与自己看法相近或相似时要给予积极的反应，这种相似性就可能促使同伴发自内心地接受并认可你。

以上过程，是个体将双方在态度与价值观的类似性，及情感上的相悦性进行具体化的过程。这一过程完成后，双方都会找到更多的相似点，进而在工作中极易获得对方的支持与共鸣，也就更加容易把握对方的情感与反应倾向，减少了与团队成员之间的磨合，彼此也能更快地适应，建立起和谐的人际关系。

行为心理研究证明，当个体进入某个特定的环境后，其行为会不可避免地受到环境的影响。为此，个体要想真正融入团队，除了要借助自己人效应拉近团队成员之间的关系外，还需要利用团队成员之间的目标一致性的关系，将自己和团队、团队成员紧紧地联系在一起。

1951 年，心理学家明兹设计了一个有趣的实验：在一个瓶口较窄的大玻璃瓶中装入若干个用纸做成的圆锥体，每个纸锥的尖端都系有细线，细线的另一端都垂在瓶外，瓶子的底部接有一根水管。实验中，每名被试者各执一条细线，要求被试者在最短时间内将纸锥提出瓶外，否则从瓶底导管进入并逐渐上升的水将淹没纸锥。实验分两种情况进行：一种是研究者提前告知被试者，如果将纸锥未湿之前提出瓶外，将给予奖励，否则予以惩罚；另一种情况是研究者告诉被试者，这一实验的目的仅仅是验证他们如何以最快的方式把瓶内的纸锥提出来，用时最短的组胜出。实验结果表明，第二种情况下，各组的成绩远远超过第一种情况。

这项实验的研究表明，第二种情况之所以远超第一种情况，根本原因就在于团队目标的一致性，正是各成员在一致目标下的团结合作让整个团队获得了预期的成绩。在这一合作的过程中，目标的一致性增强了团队成员之间的亲近感，成员间的亲近感又强化了团队的协作配合，这也是自己人效应的一种表现。关于这样的实例，可谓不胜枚举。

然而在实际工作中，要创造团队成员之间发自内心的合作并不容易。为此，在丛林竞争的环境中，个体要学会在充分考虑自己优势的前提下，巧妙地为自己创设合作的条件。

1988 年，汉城奥运会的田径赛场上，来自美国加利福尼亚州的黑人女运动员弗洛伦斯·格里菲斯－乔伊娜共收获了女子 100 米、200 米和 4 × 100 米接力赛三枚金牌，成为当之无愧的“世界第一女飞人”。但实际上，她早在获得奖牌前就吸引了众人的眼球，成为一个移动的焦点。原因就是她奇特的装扮：款式奇特且耀眼的红色运动服，一头披肩长发，色彩斑斓的十个手指甲。但相当多的人并不清楚的是，她的这身装束也为她取得的成绩助力了。

原来，身为心理学学士的乔伊娜深谙心理学的安泰效应，知道要借助他人的力量让自己成为水中鱼、空中鸟，这身耀眼的赛服可以帮助她吸引对手的关注和观众的喝彩，即使对手多关注她哪怕只有短短的 0.01 秒，甚至观众多呼喊一遍她的名字，都是对她的支持。而这可贵的 0.01 秒对她是如此可贵，呼喊“乔伊娜”的观众——她的支持者——令她更加兴奋，这些因素都强化了她夺冠的信心。她的苦心没有白费，1988 年的汉城奥运会，在留下“花蝴蝶”美称的同时，她也收获了骄人的成绩。

丛林的情况不同，采用的策略自然也不同。如乔伊娜一般的对自己人效应的灵活应用固然是一种策略，但更多的时候，身处团队，需要对自己人效应进一步深化理解，学会及时反馈，促进自己与团队成员之间的沟通，从而得到团队成员的理解和帮助，获得更多的成长机会。

心理学家赫洛克做过一个实验：他让相同人数的 4 组被试者在 4 种不同诱因的情况下完成相同的任务。对于第 1 组，每次工作后予以鼓励和表扬；对于第 2 组，每次工作后予以严厉批评和训斥；对于第 3 组，每次工作后不予任何评价，只让他们看着其他两组或受批评，或受激励；对于第 4 组，则将其与其他 3 组隔离，每次工作后都不给予任何评价。实验的结果表明，第 4 组的成绩最差，第 1 组的成绩最好，且学员的积极性极高，而第 2 组的成绩次于第 1 组，优于第 3 组，不过成绩不稳定。

相当多的人引用这个实验以说明激励和批评之于个体的作用。但我认为，倘若将 4 个对照组放在一起，就会浮现一个明显的结果：沟通与不沟通，对于个体的成长意义重大。无论是激励还是批评，都是沟通，而不闻不问则代表着不沟通，通过上例实验结果可以看出，即使只是旁观前两组沟通的第 3 组的成绩，也优于被完全隔离的第 4 组。所以，从这个角度来看，个体要在竞争激烈的丛林中生存，就要在团队合作中学会及时向领导汇报，及时与同伴沟通，如此一来，反馈就会成为个体成长的助力者和营养剂，让个体快速融入团队的同时获得归属感和认同感，进而在反思中提升自身的能力。

测试：你的沟通力

从个人职业发展角度来看，一个善于沟通的人和一个不善于沟通的人相比，同等条件下，前者的职业发展一定会顺畅很多。这是因为良好的沟通力可贯通信息传达的通道，有效提升工作效率，让沟通者得以及时获得反馈，修正自己，改进并提升自己。因此，个体要在丛林竞争中找到适合自己的“栖息地”，就要学会与人沟通，乐于与人沟通，以此获得及时反馈，让自己不断成长，从而在竞争激烈的丛林中生存并发展。

下面，请你准备一张纸和一支笔，完成一份关于沟通力的小测试。请你在 5 分钟之内，根据自己的真实情况，用“是”或“否”作答。可以稍慢一些，但无须过分纠结。

1. 需要临场发言时，头脑总是一片空白，不知从何说起，明明准备了一肚子话，却感觉很难说清楚。

2. 在和人沟通的时候，我常常不知为何，明明有事实，有根据，还是说不过对方。

3. 如果需要我发言，并且主题都是讲过的，我倾向于“拿来主义”，不太考虑是什么场合、谁来听。

4. 不知为什么，我和朋友聊天总喜欢一争高下，总是给人“较真儿、固执”的印象。

5. 我总是表现得很强势，有些时候往往把事情搞砸。

6. 我总是关注自己是否能流畅地发表言论，但常常等我说完之后，才意识到听众好像都没有听我说。

7. 我总是无法获得他人认可，我很着急却没有办法。

8. 工作中，只要领导或同事说我不好，不知为何，我都会很紧张，越想要解释清楚，反而越解释不清楚。

9. 我一开始是有自己的想法的，可不知为何，说着说着，我觉得别人说的很有道理，就不知不觉被人说服了。

10. 我总是为自己软弱的性格苦恼万分，感觉自己经常吃亏。

11. 我总能清楚对方的立场和需求，说话总是能够获得他人的认同。

12. 如果我想说服对方，我会从对方的角度出发，明确对方需要什么再说。

13. 我说话言简意赅，人们总说我思路清晰、表达明确。

14. 我演讲完之后，总有人不愿走开，迫切地想要和我分享。

15. 我喜欢说话清晰，不喜欢含糊不清的概念，并且在自己说话时也尽量用数据或更确切的词语表达。

计分规则：

以上题目中，1 ~ 10 题，回答“否”计 1 分，回答“是”为 0 分；11 ~ 15 题的得分恰好相反。计分完毕之后进行相加，看看自己能得多少分。

测试结果解析：

总分大于 12 分，说明你的沟通能力很强。

总分介于 9 到 12 分之间，说明你具备基础的沟通能力，但还需要强化训练。

总分低于 9 分，说明你的沟通能力需要大力加强，否则沟通或许会成为你发展的巨大障碍。

06

认清自我

你，比想象的更优秀

减少不必要的，增加有效的

“如果你问我，最让人绝望的事是什么？曾经的我会自信满满地告诉你，缺乏目标和方向感是最让人绝望的事。然而，现在我认为最让人绝望的事是在回忆过往的时候，发现自己一无所长甚至一事无成。”这是22岁的Mary见到咨询师John后所说的第一句话。

22岁的Mary来自得克萨斯州的乡村。7年前，她孤身一人来到举目无亲的纽约，虽然艰难却也终于闯得属于自己的一片天空。凭此推断，她应该是一个相当勇敢且坚强的女孩。因此，当她说出上面这段话的时候，令人不由得思考在她的身上究竟发生了什么事情。

"如果是从前，我也会觉得自己是那么了不起，为自己骄傲。然而，当我进入大学后，我才发现，相比那些来自大城市的同学，我自知见识和能力都与他们相差太远，以致经常遭到老师和同学的取笑。我真是太沮丧了。更可怕的是，毕业后找工作也一波三折。我一再让步，降低要求，最后才找到一份外贸公司的销售工作。说实话，做销售并不是我的强项，而且我的表达能力和沟通能力本来就差，一遇到客户咨询，我的大脑总是紧张得一片空白，不能及时给出回应，以至于成单率低，被老板骂了多次。我也想过一走了之，但我得生存，不得不全力以赴，更加用心地去做。结果，越在意，越出错，成单率也越低。我感觉自己好像被困在一个巨大的'笼子'里，挣扎了这么多年也无法破笼而出。我真的太累了。"

造成 Mary 处于困境无法自拔的原因是，她的自我效能感和自我评价太低，以至于无法产生成功的自豪感和体验感，处于低自尊的自卑状态。

个体心理学的创始人阿尔弗雷德·阿德勒指出，个体对自身价值特性的评价包括自豪感和自卑感两种。前者是对自身特质的肯定；后者是对自身特质的否定，表现为个体由于与平均标准或其他刺激物有差距，从内心深处产生了对自己当下地位的不满意，进而产生了对自我价值的评价差异，以致出现主观评价低落、情绪悲伤等负面心理状态。这种不能自助的复杂情感就是自卑感。

就自卑感的本质而言，它一方面推动着个体向前，另一方面也会给个体发展形成阻碍。前者是因为恰好是它的存在，个体在与他人或目标的比较中能发现自己存在的不足，并为了超越他人和实现目标而不断地提升自己；后者则表现在，个体由于人格特质的不同，面对挫折或创伤体验形成了消极自我，进而在消极自我对话中不断加深对自我的否定，最终让自己身处深深的自卑感中。

个体要改变这种状态，需要正确认识自尊。自尊又称自尊感，是个人基于自我评价产生和形成的一种自重、自爱、自我尊重，并要求受到他人、集体和社会尊重的情感体验，它强有力地影响着人们的期望、行动，以及对自己和他人的评价。心理学家贝德纳曾指出，个体都存在着保持积极的、健康的、向上的自我形象的需要，这一需要可以防止与避免个体因生存环境而受到伤害和承受压力。自尊就是这种需要的表现之一，它是个体发展的基本力量，使人能更好地适应社会环境，缓冲基本焦虑。

自尊是通过社会比较形成的。不同个体的成长过程中，由于教养方式和环境的差异，必然会形成不同的人格特质，同样，面对较大的挫折和创伤经历等，也会表现出不同的心理状态。

有的个体会激励自己不断向上，这就是逆境出人才的内在心理机制。也有的个体会出现相反的表现，不能发现自己的优点，无法正确而客观地看待自己，不断自我否定，进而进入低自尊状态。

个体一旦处于低自尊状态中，或是对自己缺乏自信心，经常自我贬低，就如上文的Mary；或是表现出失败主义的态度，变得极具攻击性，就如现实生活中动辄因为小事就与人发生冲突，甚至拔刀相向的人。无论从哪一个角度，低自尊状态于个体的成长都百害而无一利，严重影响个人的发展。

1951年，英国科学家罗莎琳德·埃尔西·富兰克林召开记者发布会，宣布自己从拍得极为清晰的DNA（脱氧核糖核酸）的X射线衍射照片上，发现了DNA的螺旋结构。就在人们期待着她的进一步发现时，富兰克林放弃了自己先前的假说。两年后，詹姆斯·沃森和弗朗西斯·克里克受到照片的启发，很快完成了双螺旋模型构建工作，提出了标志着生物时代开端的DNA双螺旋结构的假说，并因此获得了1962年的诺贝尔医学奖。就这样，一张图开启了一个崭新的时代，一个叫作生命科学的时代。当人们为富兰克林感到遗憾的时候，岂不知导致她与成功失之交臂的根本原因就在于其自卑多疑的个性。这种个性使她不能充分地相信自己，反而不断怀疑自己论点的可靠性，甚至担心一旦不可靠会给自己造成不利的影响，从而未能全力以赴地继续探究，放缓了前进的脚步，以至于与成功擦肩而过。倘若富兰克林是个积极自信的人，坚信自己的假说，并继续全力以赴地深入研究，那么她不但能让自己的事业获得更大的进步，而且在去世前还可以将自己的名字刻在人类的发展史上。

当然了，处于自卑感笼罩下的个体，不但会出现精神和心理层面的问题，严重者甚至会引发身体方面的问题。研究表明，经常处于自卑感笼罩下的个体，其大脑皮层会长期处于抑制状态，极少产生欢乐和愉快的良性刺激转换，致使中枢神经系统处于麻木状态，体内各个器官的生理功能不能被充分调动，由此造成它们不能发挥应有的作用，导致内分泌系统紊乱或丧失常态功能，有害的激素也随之分泌增多。在这样的机体状态下，免疫系统功能下降，抗病能力下降，生理过程发生改变，就会出现头痛、乏力、焦虑、反应迟钝、记忆力减退、食欲不振、早生白发、面容憔悴、皮肤多皱、牙齿松动、性功能低下等诸多问题。简言之，个体一旦长期处于低自尊的自卑感状态下，其机体的衰老速度就会加快，人生之路必会呈现下坡趋势。

荣格认为，自卑感是个体在与人交往中遭受刺激引起的情绪反应。当个体一旦认识到自己处于持续的自卑状态，就要认真思考自己真正追求的是什么，也要注意自身的反应并与其对话。

要知道，自卑感是无法被彻底消除的，而丛林中的人际交往必然存在诸多引发个体自卑情绪的情结，这就要求个体在发现自卑情绪产生时，能适时地控制自己的矛盾情绪，追问自己的真正需求，是不是一定要承受自己不需要或超出自己能力范围的事情？如果一定要做，就要思考自己需要做什么，自己在完成这件事情上具备的优点和长处，如何发挥优势，扬长避短，并有步骤地实施突围行动，由此突破压抑的自卑状态。

斑马 Zebra 是德国一部无对白动画短片中的主人公。它原本过着无忧无虑的生活，然而有一天，当它撞到一棵树后，一切都发生了改变。他全身整齐的花纹打破了原有的生长规律，开始变得“斑斑点点”，他成了斑马中的另类。为此，它用尽办法，跑、跳、打滚，都不能让花纹恢复原样。就在它感到沮丧抓狂的时候，令它没有想到的是，同伴们正在满怀羡慕地看着它那变幻无穷的花纹，甚至为它大声喝彩。这次崭新的变化，让这匹斑马从此开启了不一样的人生。

这部极小的短片，道出一个发人深省的问题：生活在丛林中的个体，如同斑马 Zebra 一样，都生活在某种程度的自卑中。当你在为自己的不足或缺陷日夜悲伤时，殊不知，太多的人也许正在羡慕你——自己都没发现——的独特之处，并为你喝彩。

处于低自尊的自卑状态下的个体，请丢掉那些不必要的自我否定，通过与心灵对话，寻找自己的优势，扬长避短，在消极的自卑情结中找到属于自己的平衡支点，不断做出调整，成就独一无二的自己！

找到“相对正确”的路

心理学对人格的描述中，有一个词——完美主义（Perfectionism）。人格特质中此方面倾向强的个体，常常对自己和他人提出更高的要求。研究表明，这样的人看待事物和他人时更容易看到存在的问题，因此一直在寻找问题，寻求改善的方法，力图让自己表现得更加完美。当然，有完美倾向的个体的确会取得过人的成绩，但与此同时也会出现诸多问题，比如承受过多的痛苦，甚至过着大起大落的生活。

奥斯卡影片《黑天鹅》为我们展示了一个典型的完美主义者。

妮娜是一名芭蕾舞演员，舞蹈和野心勃勃的职业目标构成了她全部的生活。为此，她心无旁骛地练习和演出，期待着一个好机会的降临。一天，她期待的好机会终于降临了：导演托马斯来为新一季《天鹅湖》挑选演员，妮娜成了第一候选人。不过，托马斯要求领舞必须分饰两角，要同时饰演黑天鹅与白天鹅两个角色，也就是说，被选中的演员既要表演出白天鹅的无辜与优雅，还要演绎出黑天鹅的诡诈与淫荡。面对这样的要求，妮娜犹豫了，她不确定自己是否能把握好这两个特征如此鲜明对立的角色。

就在这时，妮娜发现Lily正在和自己竞争。尽管她不喜欢Lily的心机，却也不得不承认，她的确是一个强劲的对手。倘若用剧中的角色来划分，妮娜就是完美的白天鹅，Lily则纯粹是黑天鹅的化身。天性纯真的妮娜抱着必须胜利的心态和Lily共同竞争这个机会。为此，在选拔过程中，妮娜给自己提出了更高、更完美的要求，甚至一度自我怀疑，以至想通过私下做小动作获得角色。随着竞争与对抗渐趋扭曲，妮娜的压力也不断加大，有来自自身对表演要求的，也有来自队友的怀疑和攻击的……最终，妮娜获得了成功，但也陷入了毁掉自己的黑暗中。

剧中的妮娜就是一个完美主义者。她活在舞台角色里，且最终为了追求自己的完美主义情结，将自己终结在了完美里。

研究表明，完美主义产生的根本原因来自成长中的不切实际的期待。这些期待来自父母、抚养者或其本人。个体在成长过程中，被父母或抚养者赋予过高的要求，甚至因达不到要求而付出相应的代价时，个体就会慢慢形成“任何错误都不允许出现”的凡事追求完美的观念。同时，当个体在成长过程中因其完美而获得了他人的赞美和肯定时，这种观念会日渐加深。做事完美获得认同，认同强化更高的自我要求，这种循环强化最终成为个体对自己的衡量标准：他人的肯定或赞美是成功的标志。正所谓物极必反，一旦完美的追求破裂或可遇而不可求，一旦得不到他人的赞美或肯定，个体就会产生极度的焦虑，从极度自信走向极端自卑，恰如影片中的妮娜一样，最终把自己困在自卑感的牢笼中，迷失了自我。

阿德勒在其作品《自卑与超越》中指出，自卑感是在一种“比较—评价—刺激”的连锁机制下产生的，是伴随着自我情感的产生而产生的。因此，完美主义个体，虽然自诩万能，追求完美，但实际上他们是在用表面的完美掩盖深藏于行为背后的极度的自卑感和低自尊感。当他们内在的自卑与自诩完美等情绪交织在一起时，个体就会产生一方面要摆脱别人比自己优秀的自卑心理，另一方面又会用不服输的心态去挑战高难度的事情，以证明自己比他人优秀。一旦达成目标，个体的完美心理就会获得满足，但同时还会提出另一个更高的挑战；而一旦无法达成目标，个体则会失去前进的动力，陷于失败主义情绪中，随后个体为了掩盖或扭转失败的状态，更为了证明自己，又去挑战更高的目标，之后再次陷于失败，周而复始，陷入恶性循环。

这表明，个体过分追求完美，一旦因为失败让自己处于强烈的自卑感中，其认知就会处于冲突模式，极难好好生活，更谈不上在丛林的竞争中取得成功。为此，成长中的个体要想获得成功，就要认清自我，摆脱完美主义的压力，找到“相对正确的路”。

何为“相对正确的路”？所谓相对正确的路，就是抛开他人的评价，放开自我设限，利于自己的兴趣，让能力得到有效发挥的道路。或许这条路在他人眼中并不光明，但倘若你能坚持，就会为自己找到成长的土壤，最终让成功之花开放。

埃隆·马斯克，一个并不陌生的名字。如果你关注新闻，或许会对这个名字更加熟悉：从 Zip2（一个信息网站）到 PayPal（贝宝），从 PayPal 到 SpaceX（太空探索技术公司），到 Tesla（特斯拉），到 SolarCity（太阳城），再到 Hyperloop（超级高铁）。没错，这些变化无一不与埃隆·马斯克这个名字密切相连。而这个名字的背后，则是一颗追求“相对正确的路”的一颗心。

马斯克是幸运的，他有一对不会为孩子设限的父母。父亲的放手，让他从小就培养了极强的动手能力和超强的学习能力。12 岁时，他用学到的编程知识成功设计了一个以太空为背景的小游戏“Blastar”，因此获得了 500 美元（相当于今天的 1200 美元）。24 岁时，马斯克考入斯坦福大学，开始应用物理与材料科学博士学习的两天后，他选择了退学创业，于是有了 Zip2 的开发。Zip2 成功了，也获得了投资，他却转手将之出售给 Compaq 的 AltaVista 部门。随后，他又开启了一系列新的创业之路，于是有了以上由浅到深、由内到外、由地球到太空的足迹。

试想，倘若马斯克一味追求完美，拘于他人的评价，自我设限，如何能在二十多年的时间里，完成从软件到新能源、从地面到太空的诸多成就呢？倘若马斯克囿于他人的看法，一味追求完美，又如何能面对发展之路中的挫折，泰然处之，小心求证，全力寻找和发掘，最终一步一步地提升呢？

《黑天鹅》里有一句台词：“完美并不是都来源于控制，它也来自放手。”这句话恰好证明了马斯克成功的奥秘。个体在成长的过程中，与其拘泥于一条他人认定的“正确之路”，不如先寻找一条“相对正确的路”，要放开对自己的过度期待，放开对结果的过度担忧，尽自己所能达成目标，如此方能体验到完美并非人生的唯一选择。当然，要做到这一点，首先要具备勇敢的品质，勇于放开对不完美的恐惧，勇于创造属于自己的生活否定，勇于尝试自己不擅长的事……并始终坚持下去。就像SpaceX的联合创始人阿迪奥·瑞西对马斯克的评价:“只要他看好的,他会一直努力,直到达到目标。”

美国非营利机构“编程女孩”的创始人拉什玛·萨贾尼在《勇敢而非完美》一书中告诉我们:“勇敢需要日复一日、持之以恒的练习。生活中,我们总会面临新的挫折和更艰难的挑战,需要我们采取相应的方法来应对,包括保持健康,给自己成长的空间,避免冲动,也要避免后悔,从而使勇敢成为一种终生的习惯。”

放弃在成功面前的退缩,不过度追求完美,不过分关注外在的评价和反应,不让内心承载太多的压力,不去束缚自己,让自己轻松前行,如此才能拥抱自己的人生真相,才能无视批评与指责,最终破茧成蝶。

认清自己的“天花板”

生活在丛林中的个体，意气风发地前进一段时间后，个人发展取得了突飞猛进的进步。然而一段时间后，个体会感觉自己进入了一个发展相对缓慢的僵持阶段，似乎极难再获得更大的进步。此时，个体经常会质疑自己的能力已经到了极限，导致事业发展不能再进一步，即触到了所谓的“天花板”，再难进步。

当真如此吗？先来看一个事例。

1954 年之前，在 4 分钟内跑完 1 英里（约 1609 米）一直被认为是人类能力的极限。无数专业运动员试图挑战这个极限，瑞典人根德尔·哈格甚至于 1945 年跑出 4 分 01 秒 04 毫秒的成绩，但均没能突破这一结论。这一结论在此后八年里成为无人可以企及的目标。然而，1954 年，这样一个被田径教练和医生进行了无数次科学研究后得出的结论被打破了。牛津大学医学院学生罗杰·班尼斯特成为第一个突破 4 分钟极限的人。

班尼斯特为了打破这一目标，进行了不断地实验和努力。为了避免受到干扰，他一直在所学的医学知识的帮助下独自训练。1953 年，他将成绩提升到了 4 分 03 秒 06 毫秒。这时，他似乎触碰到了“天花板”。怎么办？他采取了将脉搏降低到每分钟跳动 50 次的方法，以便让心脏的每一下搏动都为身体提供足够的氧气，为自己在跑步的极限状态下提供巨大的能力，并最终于 1954 年 5 月 6 日，用 3 分 59 秒 04 毫秒的成绩让不可能成了可能。6 周后，澳大利亚跑手 John Landy 仅用 3 分 57 秒 09 毫秒跑完了 1 英里。1955 年，37 名跑手在 4 分钟内跑完了 1 英里。1956 年，超过 300 名跑手突破了 4 分钟。

“4 分钟跑完 1 英里”的论断被打破，证明了人的能力是可以不断得到提升的。那么，何为能力？能力来自哪里？

能力是一种特殊的心理特征，是顺利进行某种活动的心理条件。能力的种类很多，从大的角度可以分为一般能力和特殊能力。前者是完成许多基本活动的前提，包括观察力、记忆力、思维力、想象力、理解力等。后者是指在某种专业活动中表现出来的能力，简单地说就是个体所具备的突出的且独特的能力，比如音乐能力、绘画能力、写作能力等。当个体的特殊能力较为突出，且远超他人时，这时个体就成了专业人才，甚至专家。

由此可见，能力是在活动中表现出来，且在活动中获得发展的。能力的这种发展，与我们的大脑功能密切相关。大脑分为左半球和右半球，左半球负责右半身的感觉和运动，右半球负责左半身的感觉和运动。这些感觉和运动的产生，是由于大脑内存在着一百多亿个神经细胞。这些神经细胞借助简单的兴奋和抑制活动，以及在此基础上的广泛联系和配合，彼此联结，组成了复杂的神经网络，从而使人类产生了复杂的思想和各种各样的认知活动。这一复杂的神经网络具有一个神奇的功能，即它可以发生改变，由此让大脑具备了可塑性。这就是一些只有半个大脑的病人，也能和正常人一样思维和行动的原因——半个大脑代偿了整个大脑的认知机能。

大脑的可塑性是借助于教育和训练进行的。因此，个体活动过程中，视觉、听觉、触觉、嗅觉、味觉等感觉器官会不断收集信息，再将收集到的信息传递给神经细胞，神经细胞依据收集到的信息进行整合，获得意识，并将有用的信息以图式的方式储存起来，这就是我们的记忆。当个体处于相应的问题情境下，脑神经细胞受到刺激，就会调取图式信息产生相应的情绪、情感，进而采用相应的方法解决问题。如果个体不断地学习，神经细胞接收到的信息就会不断更新，脑神经网络也会不断地改变、重塑，以形成新的图式。如此周而复始，人的能力就不断得到了提升。

现代脑生理学研究证实，人的大脑具有巨大的学习潜力，其储存知识的能力是令人无法想象的，事实上，普通人仅仅使用了其思维能力的很小一部分。当具有无限学习潜力的大脑不断得到开发，人的能力就会实现飞跃，做出只有想不到，没有做不到的事。诚如班尼斯特所说："我们跑步是因为我们享受跑步的感觉，这几乎是情不自禁的。社会和工作给我们强加越多的限制，那么跑步就越能让我们感受到一种情绪的释放，对自由的向往。人类的精神就是永不服输的精神。"

为此，个体要打破"天花板"的极限，需要具备一种永不服输的精神，并为之付出不懈的努力。相当多的个体之所以自认为触及"天花板"而中途放弃，根本原因就在于他们陷入了半途效应的影响。

半途效应（Halfway effect）是指个体在追求目标的过程中，因为心理和环境因素的交互作用，以至于在半途时对目标产生了负面影响的行为。它的产生，一方面是目标选择的不合理性，另一方面则是个人意志的影响。目标选择越不合理，半途效应越容易出现；同样，个人意志越薄弱，越能导致半途效应的出现。

为此，要避免个体产生触及“天花板”的心理，就要科学地设定目标，并培养自己的坚定意志。

1967 年，美国心理学家洛克（E.A.Locke）提出了“目标设置理论”（Goal Setting Theory）。这一理论指出，目标是一个人试图完成的行动的目的，可以引起行为主体最直接的动机，而设置合适的目标会令个体产生想达到该目标的成就需要，因此对个体具有强烈的激励作用。

那么，于个体而言，如何设定合适的目标，才能避免半途效应的影响呢？洛克的目标设置理论告诉我们，一个合适的目标应该具备以下六个前提：一是要有一定难度，但又要在个体能力所及的范围之内；二是要具体明确，甚至要明确到可以量化；三是个体为了达到目标必须全力以赴；四是定期反思，及时总结；五是要给予个体一定的奖励，以发挥激励作用；六是要正视目标实现过程中的一切失败，要诚实地对待自己。

洛克特别指出，在这一过程中，短期或中期目标可能要比长期目标更有效。因此，设置目标时不妨将长期目标划分为一个个的短期目标或中期目标，如此循序渐进，更可以避免半途效应的影响。

人生如同一次长跑，尽管过程难熬，不过倘若个体能坚持下去，直面问题，及时总结，那么面对的必将是无限的可能；倘若不去用心地计划，不能全力以赴，那么就会在“你看似很努力”的状态下，绕了一大圈后仍回到起点，一无所得。要突破“天花板”的限制，就要开放心态，放开自我设限，看透“天花板”，全力以赴。

巧用“高速公路效应”

倘若驱车行驶在高速公路上，你会对远高于普通公路上的车速失去感觉。这时，120km/h 的车速，于你而言就如同普通公路上的 80km/h 的车速。当你习惯了高速公路上的车速，一旦驶入普通公路，你会感觉慢了很多，即便是 80km/h 的车速，于你而言，也如同 50km/h 一样。这就是大脑的“高速公路效应”。

高速公路效应的产生，是错觉的功劳。错觉又叫错误知觉，是特定条件下产生的对客观事物的歪曲知觉。产生错觉的原因多种多样，既有客观因素，也有主观因素；既有生理原因，也有心理原因。就高速公路效应而言，错觉的产生是由于经过一段时间的高速行驶，人的大脑和感官产生了惯性，于是在无形中提高了判断快慢的标准。

依据这一原理，个体在追求目标的过程中，不妨就利用这一效应，不时为自己敲响警钟，避免进入舒适区，提升斗志。

面对激烈的丛林竞争，个体需要不断成长以应对变化的外界，最终实现自己的人生目标。然而，目标的实现需要一个不断努力的过程，在这一过程中，个体不可避免地会产生疲倦感，尤其是实现了一个目标后，个体或许会因为成功的快乐和压力的释放进入心理舒适区，下意识地自我设限，陷入“看上去很忙”的状态，从而阻碍了个人发展。

这是因为，此时的个体一旦再试图前行，必然基于前期的经验考虑到前行道路上可能碰到的挫折，遭遇本能的阻碍。这种本能的反应，是由人体的生理构造决定的。当外界情况变化时，人的大脑会马上做出反应，以防止突如其来的变化危及生命。要克服这种本能的反应，个体可以利用高速公路效应，适当降低前进的速度。比如给自己一个小假期，使自己的身心处于明显低于此前工作速度的环境中。于是由高速进入低速的变化，会让个体产生不适感，感觉当下的生活节奏过于缓慢，内心便会生出改变的渴望。这种渴望又会激发个体强烈的斗志，从而爆发巨大的前行的力量。

当然，这一过程需要适应，更需要个体做好心理调适，在大目标明确的前提下，将之分解为一个一个的小目标，如此才能让自己在大目标的激励下，一步一步迈向成功。

早在高中毕业会上，来自加州的 Cindy 就立下了成为著名电视节目主持人的人生目标。尽管 Cindy 的家境一般，父亲是一名普通的银行职员，母亲是一名教师，但平稳的家庭环境却让 Cindy 早早就认识到，平和的心态和坚定的态度对于成功的重要性。为此，她做了详细的规划，先进行专业的学习，再找机会锻炼自己，并一步一步地坚持下去。

因为经济原因，Cindy 不可能专门花巨资请老师，于是她白天打工，晚上去一所大学的夜校读舞台艺术专业。四年后，她不但顺利毕业，而且积累了丰富的专业知识，提升了综合能力。随后，她开始进入了第二个阶段——找机会锻炼自己。为了找到一个实习的机会，她跑遍了洛杉矶每一家广播电台和电视台。辛苦了一圈下来，她始终没能收到一份 Offer。不过，Cindy 没有气馁，更不愿在叹息中等待，而是将目光投向了洛杉矶之外。接下来的几个月，她仔细阅读广播电视方面的杂志，终于发现了一个机会——北达科他州一家极小的电视台需要一名天气预报的女主持人。

说实话，Cindy 并不愿意离开生长的南方，她也考虑到，尽管在小电视台的成长速度远不及自己的预期，但对于当时的她而言，成长速度不是第一位的，锻炼机会才是，只要能得到锻炼的机会，寒冷的北达科他州同样令她心驰神往。就这样，得到这份 Offer 后，她立刻动身去了北达科他州，并在那里工作了两年。两年后，积累了丰富工作经验的 Cindy，移动鼠标，将自己的简历投到了洛杉矶电视台，并顺利入职。五年后，Cindy 的名字，几乎刻印在了每一位看她节目的人的心中。

如今，身为著名的电视节目主持人，Cindy 谈到自己的成功，她笑说是高速公路效应帮了她的大忙。正是这一心理效应，让她在成长过程中一次一次地突破自我设限，在持续实现小目标的激励下，最终实现了人生目标。

需要注意的是，要更好地利用高速公速效应，就必须重视自我意识的建立。它决定着个体的任何行为、情感、举止。一旦个体从心理上对目标的实现产生抵触心理，对目标实现过程中可能出现的挫折产生恐惧心理，就会变得畏畏缩缩，不仅不会获得奇迹般的变化，也不会迎来期望的成功。

Silviam 一直想成为一名模特。她有着得天独厚的条件，身为著名整形外科医生的父亲可以为她提供经济支持，不会让她面对发展之路上的经济窘境；供职于一家声誉极高的大学的母亲，可以为其提供广阔的人脉资源，让她少走一些弯路。可以说，她完全有机会实现自己的理想。

然而，尽管早在中学时她就确立了这样的梦想，也认为自己具有这方面的条件：高挑的身材、美丽的脸蛋，可是机会却始终不曾光顾她。因为她一直在不切实际地等待着，等待奇迹出现，等待某一天，一位著名的经纪人能向她伸出橄榄枝，帮助她走上T台，而她自己却从未为这个理想的实现做些什么。果如所料，奇迹并不曾发生，因为谁也不会请一个毫无经验的人做模特。可以想见，模特公司的经纪人或许会因为Silviam的母亲的推荐给她机会，但如果她自己都不愿意提升自己，训练自己，让自己具备专业素质，别人又能怎样呢？要知道，外面可是有太多想成为名模且具备相应经验的女孩子主动找上门来，排队等着被聘用呢。

所以，当你一旦心存梦想，认准了目标，就要坚定前行的信心和决心，并将这种强烈的愿望内化为你的自我意识，让自己的潜能在高速公路效应的帮助下得到发掘，让自己的能力不断提升，你终将走上自我发展的成功之路。

测试：你的自卑感

适度的自卑感是一种激励因素，对个人和社会均有利，并能激发个性的提升和改善。但是，沉重的自卑感可以毁掉一个人，使人心灰意懒，无所事事。因此，明确当下的自尊现状，具体分析，找到问题，不断提升，对于个体的成长相当重要。

下面是罗森伯格自尊量表（Rosenberg self-esteem scale），它可以帮助你了解自己的自尊水平，请仔细阅读并快速回答，在最接近你的观点的那一栏画“√”。

罗森伯格自尊量表（Rosenberg self-esteem scale）

1. 总体而言，我对自己满意

A、完全同意

B、同意

C、不同意

D、完全不同意

2. 有的时候我觉得自己毫无价值

A、完全同意

B、同意

C、不同意

D、完全不同意

3. 我觉得自己有一些优点

A、完全同意

B、同意

C、不同意

D、完全不同意

4. 我有能力把事情做得和大部分人一样好

A、完全同意

B、同意

C、不同意

D、完全不同意

5. 我感觉自己身上没有什么值得骄傲的地方

A、完全同意

B、同意

C、不同意

D、完全不同意

6. 有时候我觉得自己很没用

A、完全同意

B、同意

C、不同意

D、完全不同意

7. 我觉得我是一个有价值的人，至少和其他人一样

A、完全同意

B、同意

C、不同意

D、完全不同意

8. 我希望能够更看得起自己一点儿

A、完全同意

B、同意

C、不同意

D、完全不同意

9. 全面地来看，我倾向于认为自己是一个失败者

A、完全同意

B、同意

C、不同意

D、完全不同意

10. 我的自我观是正面积极的

A、完全同意

B、同意

C、不同意

D、完全不同意

测试记分

按照以下说明记分：

1. 问题 1，3，4，7，10：

A、完全同意，记 4 分

B、同意，记 3 分

C、不同意，记 2 分

D、完全不同意，记 1 分

2. 问题 2，5，6，8，9：

A、完全同意，记 1 分

B、同意，记 2 分

C、不同意，记 3 分

D、完全不同意，记 4 分

测试结果解析：

总分应在 10（最低自尊水平）到 40（最高自尊水平）之间。

总得分在 10 ~ 16 之间：表示你的自尊水平偏低。

总得分在 17 ~ 33 之间：表明你属于中等自尊水平人群。

总得分在 34 ~ 40 之间：表明你属于高自尊人群。

发现你的个性潜能

突破自我设限，需要我们确立正确的自我意识，认识到能力是在不断提升的。只要我们能确定自己的兴趣点，制订科学的目标，再加上不断地努力，我们就能爆发出无限的潜能。下面是美国著名节目主持人欧普拉在其节目里所做的一份个性能力测试，请你试着测试一下，了解自己的个性潜能。

1. 你何时感觉最好?

A. 早晨

B. 下午及傍晚

C. 夜里

2. 你走路时是?

A. 大步快走

B. 小步快走

C. 不快，仰着头面对着世界

D. 不快，低着头

E. 很慢

3. 和人说话时，你?

A. 手臂交叠地站着

B. 双手紧握着

C. 一只手或双手放在臀部

D. 碰着或推着与你说话的人

E. 玩着你的耳朵，摸着你的下巴，或用手整理头发

4. 坐着休息时，你会?

A. 两腿并拢

B. 两腿交叉

C. 两腿伸直

D. 一腿蜷在身下

5. 碰到你感到发笑的事时，你的反应是?

A. 一个欣赏的大笑

B. 笑着，但不大声

C. 轻声咯咯地笑

D. 羞怯地微笑

6. 当你去一个派对或社交场合时，你会?

A. 很大声地入场以引起注意

B. 安静地入场，找你认识的人

C. 非常安静地入场，尽量保持不被注意

7. 当你非常专心地工作时，有人打断你，你会?

A. 欢迎他

B. 感到非常恼怒

C. 在 A、B 两个极端之间

8. 下列颜色中，你最喜欢哪一种颜色?

A. 红或橘色

B. 黑色

C. 黄或浅蓝色

D. 绿色

E. 深蓝或紫色

F. 白色

G. 棕或灰色

9. 临入睡的前几分钟，你在床上的姿势是?

A. 仰卧，伸直

B. 俯卧，伸直

C. 侧卧，微蜷

D. 头睡在一只手臂上

E. 被子盖过头

10. 你经常梦到你在?

A. 落下

B. 打架或挣扎

C. 找东西或人

D. 飞或漂浮

E. 你平常不做梦

F. 你的梦都是愉快的

得分标准

经过上述 10 项测试后，再将所有分数相加：

1.A—2　B—4　C—6

2.A—6　B—4　C—7　D—2　E—1

3.A—4　B—2　C—5　D—7　E—6

4.A—4　B—6　C—2　D—1

5.A—6　B—4　C—3　D—5

6.A—6　B—4　C—2

7.A—6　B—2　C—4

8.A—6　B—7　C—5　D—4　E—3　F—2　G—1

9.A—7　B—6　C—4　D—2　E—1

10.A—4　B—2　C—3　D—5　E—6　F—1

测试结果解析：

低于 21 分：表明为人害羞，做事优柔寡断，永远需要别人替你做决定。

21 ~ 30 分：表明你缺乏信心，勤勉、刻苦、挑剔，是一个谨慎小心的人。

31 ~ 40 分：表明你是一个明智、谨慎、注重实效的人，极其有天赋和才干且谦虚，不过不太容易与他人成为朋友，但一旦成为朋友会相当忠诚。

41～50分：表明你亲切、和蔼、体贴、宽容，是一个有活力、有魅力、讲究实际、永远会使人高兴、乐于助人的人。你经常是众人注意的焦点，但你不会因此昏了头。

51～60分：表明你是活泼、易冲动、能够迅速做决定的人，是一个愿意尝试机会、欣赏冒险的人，周围人喜欢跟你在一起，你是一个天生的领袖。

60分以上：表明你是一个有极端支配欲、统治欲的人。别人可能钦佩你，但不会相信你。

参照上面的测试，回顾自己的经历，找到自己的问题和长处，试着发掘自己的个性潜能，你一定会在丛林中找到自己的位置，获得成功！

07

跳出怪圈

让，人生重新开始

在自我暗示中成长

当在影院中观看电影《超人》的人们，为超人的英俊潇洒、身手敏捷无比而感叹时，没人能想到，多年后，其扮演者克里斯托弗·里夫会在强大的自我暗示力量下，让自己真的成为一位超人，重获新生。

1995 年 5 月 27 日，里夫参加了一场在弗吉尼亚举行的马术比赛。比赛中，他所骑的那匹东方纯种马在第三次尝试跃过栏杆时突然收住马蹄，猝不及防的里夫从马背上飞了出去。五天后，里夫虽然醒了，但由于头部着地导致第一及第二颈椎全部被折断，必须要动手术将颅骨和颈椎重新连接到一起。这个手术的风险极大，医生并没有百分之百的把握。得知这个消息的里夫万念俱灭，他无法接受这一残酷的事实，更不敢想象手术失败的后果。因为口不能言，他就用双眼告诉妻子，让自己安静地离开。就在这时，儿子威尔的一句话，让他升起了生存的信念。

那天，当年幼无知的孩子看着曾经生龙活虎的爸爸躺在病床上一动不动时，他先是为爸爸的膀子和腿都不能动而叹气，甚至愁眉苦脸。然而，接下来，他却双眼发光地说："但爸爸还能笑呢。"这真是一句神奇的话语。它让里夫找回了生存的勇气和希望，他相信手术一定会成功，自己也一定能获得新生。果然，手术非常成功，里夫克服了剧烈的疼痛并顽强地活了下来。随后，他开始每天坚持做康复训练，以最好的心情迎接每一天，甚至亲自导演了一部影片，出资设立了里夫基金帮助医疗保险事业的发展，同时他坚信自己会在 50 岁之前重新站立起来，成为一个真正的"超人"。

克里斯托弗·里夫的新生，表面上得益于儿子的那句神奇的话语，但实际上源于他内在强大的心理暗示。

暗示是一种可以诱导潜意识觉醒，并能激发出内在的巨大潜能的能量，其力量之大远超人的意识。心理学研究表明，人具有暗示性。良好的心理暗示可以对人的情绪和生理状态产生正面影响，激发人的内在潜能，使之积极进取、力争上游。相反，负面的心理暗示却可以导致消极沮丧、懒惰颓废，最终泯灭其内在潜能，使之丧失前进的动力和成功的渴望。

在第二次世界大战的相持阶段，德军已经相当疲惫，士兵们对于洗上一个热水澡都充满了极度的渴望。因为它可以安抚人的心灵，让人获得放松。英国人获知这一情况后，开始对德军士兵展开心理战，进行消极的心理暗示。他们通过各种小道消息告诉德军士兵，他们现在用的肥皂是德国军方用尸体榨出来的油炼成的。结果，“人油肥皂”的谣言迅速在德军中蔓延，让原本就不安和绝望的德军士兵更加焦虑和沮丧，触发了他们内心对德国当局的不满情绪，导致群情骚动，战斗力锐减。同时辅以各种战报、传单、广播，宣传同盟国军队攻城略地、德国必败的结局，以此引发德军的厌战情绪，同时激励盟军士兵的斗志。最终，在盟军将士奋勇攻击和德军内外消极抵抗的双重作用下，加快了“二战”结束的进程。

这一事例不仅证明了消极心理暗示之于斗志的危害，也同样证明了良好的心理暗示对于积极进取的重要性。个体在成长的过程中，必然会面对诸多的不如意，甚至会遭受巨大的挫折，这些挫折或许会出现在你的工作和学习中，影响你的事业和学业的发展，或许会出现在你的家庭生活中，影响你的家庭幸福，甚至会令你陷于失败和沮丧的自我否定的怪圈。这时，调动内在的正能量，运用良好的心理暗示，就可以帮助你跳出“怪圈”，不断成长，重获成功和幸福。

当 Jason 站在位于纽约第五大道的店铺里时，他感慨万千。

多年以前，他还是一个来自得克萨斯州乡下的穷小子，空有一腔无所畏惧的勇气。在接连受挫之后，面对璀璨的纽约夜景，他沮丧于自己的失意，感叹着世间的不公，为自己的一无所有叹气，甚至萌生了离开此地的念头。然而，内心深处的不服输又令他不甘心成为一个失败者，就此埋葬自己的一生。

那天夜里，带着一身寒气和失意的 Jason 回到自己在纽约的寄居地——同来纽约闯天下的好友 John 的住处。John 不忍看到 Jason 失意低落的情绪，便请他喝啤酒。就着劣质啤酒，两人聊起了家乡的往事。酒过三巡，醉意朦胧的 John 说出一个连 Jason 自己都不知道的秘密，John 的爷爷告诉过他，Jason 的爷爷活着时，总是骄傲地宣称自己的祖上出过多位法兰西共和国的将军，而且他自己也参加过两次世界大战。这个信息令 Jason 震惊不已，这就意味着他是将军的后裔呀！于是 John 笑着说："作为将军的后代，你没理由不成功的。"Jason 想到爷爷那矮小的身材，想象着长着相同面容的祖辈指挥着千军万马，用法语发出威严的军令，他顿感自己的形象也变得高大了，自己身上"将军"的血液在奔腾。

从此，"身为将军的后裔，一定会获得成功"这样的信念，深深地植入Jason的内心。这个信念令Jason重新找到了自信，发自内心地为自己感到自豪和骄傲。他极度渴望成功，并持续不断地努力着，30年后，他成功地创立了多家企业，他的产品也骄傲地跻身于纽约第五大道。如今提到这件关于将军的后裔的趣事时，他笑着说那或许只是一个笑话，但于他而言，却是一种神秘的力量，激励他获得了成功。

Jason获得的神秘的力量，就来自自我暗示。心理学研究表明，意识是个体潜意识的“守门人”，潜意识是人的本能。潜意识对于获得的信息不具备筛选的功能，不会将获得的信息进行等级划分，只是下意识地接受。相反，意识则替潜意识把关，对获得的信息派发“Yes”或“No”的指示牌。当我们持续施加的暗示一经意识的许可进入我们的潜意识，它就会发挥本能的作用。至于潜意识发挥的是正向作用，还是负向作用，就看你为其提供什么样的暗示了。

由此观之，面对获得的信息，Jason的意识选择了正向的力量，并予以接受，于是从潜意识中获得了成长的力量。反之，个体如果从中吸取负向的力量，就会是另一番结果了。

一位哲人曾说：“当我们觉得这个世界是美好的，它便在很大程度上折射出我们内心世界的美好；当我们觉得这个世界是丑陋的，它便在很大程度上折射出我们内心的阴暗。”所以，请记住：潜意识服从于持续暗示的作用，而潜意识可以本能地控制我们身体的各项功能、感觉及状况。要经常告诉自己："每当一个积极的思想进入我的脑海，我的快乐就会增加一分，我的才能就会提升一分，我前进的步伐就会更加顺畅，我的成功就会更近一分，而我，必须马上拥有积极的思想。"

请相信，倘若你可以坚定地宣称自己在世界上将占有一席之地，让正向力量深植于你的潜意识，你终会成为一个成功者，而非一事无成。

跳出你的心理怪圈

Annie 是一家公司的电话销售人员。这是一份每天要喝掉数杯水，拨出上百通电话的辛苦工作。除此之外，要做好这份工作，还需要你在客户面前知情达意，并且具备足够的耐心。然而在某些时候，即使你拿出足够的耐心，说破了嘴皮，也未必能获得好的业绩，甚至会被老板训斥。

在无奈地选择这份工作的半年里，Annie 每天都被抱怨充斥着，换或不换工作的念头在她的脑海里轮番闪现:“换吧，太累了! ”“不能换，万一找不到新工作，信用卡怎么还? ”如此反复纠结，让 Annie 痛苦不堪。为此，她找到了家庭心理医生，倾诉自己的痛苦。心理医生听后，先问了她一句话:“你对下一份工作有什么期待？”接着，又抛出一个问题：“你想如何面对你的下一份工作？”带着这两个问题，Annie 离开了心理医生的诊所。半年后，Annie 升了职，加了薪。

其实，工作就是这样，一半欢喜，一半忧愁。想要怎样的结果，就看你以怎样的心态去面对。演员玛丽莲·梦露曾说过这样一句话：“如果你不能接受我最糟糕的一面，那么你也不配拥有我最好的那一面。”于是诞生了梦露定律。这一定律极其形象地告诉我们：任何一份工作都存在既让你满意之处，也存在令你不满之处。为此，要跳出不断想跳槽的心理怪圈，就要弄清楚这种心理产生的原因。

1993 年，当人们纷纷猜测飞人迈克尔·乔丹退役的原因时，美国著名的心理咨询师史蒂文·贝格拉斯一反大部分人认为的家庭原因，提出一个与众不同的看法：精疲力竭症。他认为，正是由于乔丹感觉到身上承载着太多自己和他人的过高期望，以至于不堪重负，无法自由地驰骋于球场，于是做出了退役的决定。

贝格拉斯在《自我驱动心理学》一书中指出，精疲力竭症源于三点：无所不能的错觉、父母炫耀自恋资本的后遗症和追求成功的副作用。细细分析这三个原因：

无所不能的错觉在于个体错误地将自己设定为一个“超人”形象，然而，事实上“超人”是不存在的。当个体在现实工作或生活中遇到挫折时，会基于外归因心理将责任推到他人的身上，由此引发人际关系的紧张和矛盾。这种矛盾又与其“超人”的内心相冲突，进而令其产生挫败感和不愉悦的心理，从而引发倦怠感。

父母炫耀自恋资本的后遗症表现为个体在成长的过程中，由于过多地承受着父母的期望，因此将追求成功，达成父母的心愿，成为父母骄傲的资本当作人生幸福的目标和手段。于是个体始终处于极度的焦虑和紧张状态中。一旦这种目标和手段无效，个体就会产生强烈的自卑感，担心父母失望，过分在意他人的眼光，从而产生退避心理，引发倦怠感。

追求成功的副作用与上述二者存在共通之处，它表现为在追求成功的过程中，个体过多地将关注点放在为追求成功付出的努力上，将身份改变和地位提升当作获得成功的象征，从而忽视了自己内心和身边人的感受，让自己陷入过劳和疲惫的泥沼。

这三个原因的背后，其实折射出一个共同的问题：自我驱动力的缺失。那么，何为自我驱动力？从某一个角度而言，自我驱动力就是对自己负责。当个体做事情的出发点是为自己负责时，就会由被动的行为转化为主动的行为，其行为产生的倦怠感就会有身心两个方面的表现，即单纯地表现为外在的肉体的劳累，而内心则是愉悦的。如此一来，经过适当的休息和调整，倦怠感就会消失，也就不会出现职业倦怠的问题，更谈不上要不停地换工作了。

那么，是什么决定了一个人的自我驱动力呢？那就是内在改变的强烈渴望，即个体内心中最为迫切实现且必须实现的愿望。举个我身边的例子。

一直优秀地成长到研究生毕业后，Cathy 进入一家银行工作。尽管这份工作并不是她喜欢的，但是看到家人因为她而开心，加之收入丰厚，Cathy 还是相当高兴的。凭着优秀的才能和良好的个性，Cathy 很快在工作上取得了一系列成就，成为银行一个重要部门的主管。按常理，此时的 Cathy 可谓年富力强，工作必然得心应手。然而在接手一个新项目后，她却常常感到力不从心，升职的快乐很快就消失了，甚至每天回到家中，看着父母无聊地看电视，她竟然感到无比羡慕。她想到了自己最初的理想是做一名自由职业者，经营一家自己的企业，财富积累到一定程度后，做一些帮助他人的事情。现在，她感觉自己就是一个平庸的职场人士。

经过慎重深入的思考，在心理咨询师的帮助下，Cathy 开始了改变自己的计划。她先是辞去了银行的工作，然后用积蓄开了一家花店，从打理店铺开始磨炼自己。几年后，她的花店发展成为一家颇具规模的连锁店，不但经营花店，而且开办相关的培训，主办女性沙龙。这样忙碌的日子里，尽管比在银行工作还紧张，Cathy 却一反在银行上班时的低沉，变得容光焕发。

当个体发自内心地爱上自己的工作时，就会对所从事的职业充满了幸福感，身体上的疲累感也会在短暂的休息后消失无踪。相反，如果个体对当下的工作不满意或抵触，就会因自我内驱力的消失，在表现出倦怠的同时，为自己的懈怠寻找种种借口。

当然，一些缺少人生目标的懒惰的人也会出现倦怠，他们不用心尽力做好工作，却为自己的失败寻找种种借口，以合理化自己的倦怠行为。比如老板过于苛刻，同事不好相处，薪水不高……只要他们想，总能为自己找到各种理由。这样的人，要想跳出倦怠的怪圈，提升自我内驱力，则需要改变认知，这首先要建立自我价值感，明确自我价值与当下状态的联系，再从行为习惯入手，逐步改变自己。

所以，要跳出倦怠造成的心理怪圈，就要提升自己的内驱力，诚如曾为德国西门子公司的电子产品占领中国市场立下汗马功劳的盖尔克在回答关于成功的秘诀时所说："始终有一个座右铭，工作要专心致志，要在从事的工作中寻找乐趣，要有改变现状的决心，要能找到解决问题的方法，要有实际的行动。"

Lidia 供职于一家知名的 IT 市场研究公司，是一名分析师。工作 5 年后，她发现自己的专业知识和能力在获得极大提升的同时，从事工作的新鲜感和激情正在逐渐丧失，她开始对每天打电话收集信息、按照表格填写报告的工作产生了厌倦感，萌发了换工作的念头。但考虑到找一份称心的工作并不容易，于是她决定改变当下的状态，用一些新的体验帮助自己消除倦怠感。经过思考和总结，并与市场部的同事深入交流后，她开始尝试着从多个角度获取信息，再将不同来源的信息进行交叉验证，使之互为补充，最终整理成一种单独的简报。在这样的报表里，她为客户提供了市场营销策略、活动推广计划、促销手段等诸多信息。报表一经提出，客户便给予了良好的反馈，公司的客户数量也得以增加，Lidia 也因此获得了升职加薪的机会。新的尝试让她一扫从前的倦怠感，工作再次变得极具吸引力。

当你陷于倦怠的怪圈时，请你问自己以下问题：

1. 你对什么事有激情，以至于会不在意个人得失去穷究到底?

2. 如果用一生来度量，你认为在哪方面做出点儿成绩来才能一生无憾?

3. 你在做什么事情或对待什么东西上会无条件地付出?

一旦你回答了以上问题，就意味着你在某种程度上寻找到了你内心真正的需要。接下来，请行动起来，让勤奋取代懒惰，让改变取代故步自封，让目标引发的内驱力助你走出倦怠的心理怪圈。

培养自己的韧性

请你回答一个问题：

一池荷花，第一天开放的只是一小部分，第二天开放的数量是前一天的两倍，第 30 天开满了整个池塘。请问第几天池塘中的荷花开了一半？是第 29 天。

荷花的开放告诉我们一个道理：成功，靠能力，也靠坚持，最终获胜的人一定具有非凡的毅力。这就是著名的荷花定律。它启示我们，要想获得成功，就要用坚持培养自己的韧性。

2005 年，美国宾夕法尼亚大学心理系教授安吉拉·达克沃什发现一个人成功的先兆并非智商或者情商，而是一种特殊的品质。他用单词 Grit 来表示，因为这种品质如同沙堆中坚硬耐磨的颗粒。这一品质就是毅力。安吉拉针对数以千计的高中生、全国拼字比赛冠军，以及西点军校、国内一流大学的学生进行观察和分析后发现，无论处于何种情况下，相比智力、学习成绩或者长相，毅力是最为可靠的预示成功的指标。正是它让个体对长期目标保持持续的激情和持久的耐力，从而使之在追求目标的过程中，不忘初衷、专注投入、坚持不懈，并在这一过程中自我激励、自我约束和自我调整。这就是优秀人才成功的秘诀!

两千年前，希腊内科医师希波克拉底首先提出将气质划分为四种类型，即多血质、胆汁质、抑郁质和黏液质。不同类型的人，表现出不同的特点，依次为生性愉悦、易怒、敏感和冷漠。随着现代心理学的发展，心理学家在生理学研究的基础上，提出个体的人格是由性情、气质、能力等特征构成的，每个个体有着自己先天的独特性，这种独特性就是特质。特质存在于个体内部，在不同环境中指导个体的思想与行为的多种稳定的人格特征，它是个体的动机、情绪和认知在行为上的表达方式。

后来，美国心理学家雷蒙德·卡特尔采用因素分析法研究人格后，提出了人格特质理论。在这一理论中，他提出了决定个体人格的 16 个因素，并将其归纳为两个维度，其中一个维度与个体取得的成就密切相关。这个人格就是有恒性（G）。简言之，有恒性（G）就是安吉拉教授称为 Grit 的毅力。

心理学研究表明，凡有惊人成就的人，其表现出来的意志品质主要有自觉性、果断性、坚持性和自制性。由于完成目标一般需要相当长的时间，所以这其中对我们考验最多的就是坚持性。这一点，众多成功人士为我们提供了佐证。“史努比之父”查尔斯·舒尔茨就是其中的一位。

这位蜚声国际的漫画大家，在谈到自己的人生经历时曾这样说：“从小到大，许多方面我都是非常失败的，简直一塌糊涂。”用他自己的话来说，小学时多门功课经常不及格，中学时不管是物理，还是拉丁语、代数以及英语等科目，成绩都惨不忍睹。甚至连体育也谈不上好，因为作为校高尔夫球队的成员，他在赛季的唯一一次重要比赛中输得干净利落。就这样，他在孤独、落寞中成长，唯一陪伴且让他一直坚持着的就是画画。

这个在诸多方面，在他人看来无可救药的失败者，始终坚信自己具有非凡的绘画才能，并且深为自己的作品自豪。当然，他的那些作品几乎没人愿意多看一眼，除了他自己。尽管如此，他却从不气馁，且将成为一名职业漫画家当作自己的职业目标。中学毕业时，他向沃尔特·迪斯尼公司发了一封自荐信，并应公司要求发了他的多幅漫画作品，然而还是失败了。身处这样的漫长的黑暗中，不断地失败，长期地被忽视，太多的人会因为无法承受而放弃。然而，即便是处于走投无路之际，他仍旧对画画不改痴心。他开始用画笔描绘自己多舛的命运，用漫画语言讲述自己的故事。终于，在他的画笔下，连环画《花生》诞生了，并迅速风靡世界。

他获得了成功，是那么意外，又是那么自然。意外是由于连续的失败，成功则源于他不断的坚持。因此，舒尔茨说："许多方面我一败涂地，只在画画这一点上稳住了自己。所谓成功，也只是需要你在某一点上自命不凡，自始至终。"

在成功的路上，目标或许遥遥无期，似乎总是望不到头，而你恰好正在艰难中因为坚持而疲倦不已。倘若此时放弃，那么不仅代表着从前的努力付诸东流，或许也代表着成功与你失之交臂。所以，当你遇到问题时，当你感到疲倦时，再坚持一会儿，再加一把劲儿，你的眼前或许就会别有洞天，豁然开朗。

英国作家约翰·克里西，一生共出版了 564 本书，而他的这份收获就是坚持后的成就。当初，他在受到了接二连三的沉重打击，累计收到 743 封退稿信后，仍旧坚持写下去，没有面对失败的考验而放弃，而是坚信自己能成功。因为他深知，如果自己放弃，那么所有的退稿信都将变得毫无意义，相反，一旦自己获得成功，那么每一封退稿信的价值都将重新衡量。

当你坚持不懈，最终拨开迷雾重见阳光的一刹那，你会感觉再苦再累都是值得的。不过，需要提醒你的是，坚持并非忍耐，而是积极进取，不断地摸索。成就大事固然离不开坚持，点滴小事也需要坚持。每天坚持一点点，你就会在日积月累的收获中不断前行，最终将希望变成现实。

劣势也是优势

生长在丛林中的每个人都如同一颗种子。种子生来就是完整的，其本身包含了成长为一棵大树所需要的核心本质与形态。然而，种子长成一棵参天大树需要一个漫长的过程。在这个过程中，如果种子因为阻碍，失去了拥抱阳光的渴望和破土而出的力量，那么其生长可能会发生扭曲，轻则迷失方向，重则化为尘埃。因此，个体在成长的过程中，除了生理的成长，还需要逐渐去认知、洞察、感受、体验……从而让心灵不断成长，引导自己前行。

洛蕾丝是布兰登的一位来访者。她是一个同时拥有天使般外貌和粗俗言行的女孩。她曾吸毒，也曾卖淫。她之所以来布兰登这里寻求帮助，是因为无意中读了一本书，并发自内心地渴望改变自己。

布兰登和每一个普通人一样，同样被洛蕾丝的外表吸引，但也同样讨厌她做过的一切。然而，不同于普通人的是，布兰登坚信洛蕾丝那堕落的外衣下，包裹着的是一个出色的人。于是，布兰登借助于催眠技术，帮助洛蕾丝回到过去，寻找曾经优秀的自己。在催眠过程中，布兰登看到的是一个与现在截然不同的洛蕾丝：聪明，学习成绩优异，有着过人的体育才能，甚至超过了很多男孩子。然而，由于某些方面的短板，她遭到了包括亲哥哥在内的一些人的讽刺和挖苦。而她为了证明自己的确超人一等，更加努力地表现，但当她发现自己在某些方面的确不如他人时，终于因承受不住压力而暴发，她的世界就此改变了，她开始自暴自弃，刻意夸大不足，甚至不在意自己的长处。

布兰登用了相当长的一段时间让洛蕾丝认识到，每个人并非生来完美，均存在这样或那样的不足，一个人要学会欣赏并接受自己的不完美，如此才能获得心灵的宁静和成长。结束咨询一年半后，洛蕾丝成了洛杉矶大学的一名学生。几年后，她成了一名记者，而且找到了自己的爱情。10 年后的一天，当布兰登与她在大街上邂逅，布兰登看着眼前这个衣着高贵、举止文雅、生机勃勃的洛蕾丝，他知道，洛蕾丝在心灵的引导下获得了真正的成长。

这是美国心理学家纳撒尼尔·布兰登讲述的他的来访者的一段亲身经历。心理学相关研究也表明，于个体来说，心灵成长的重要表现在于懂得接纳不完美的自己，能够真正地认识自己。

生命是如此独特，个体在生命形成的初期就表现出截然不同的特质。因此，世界上不存在完全相同的个体。每个人的身上都存在不足之处，个体如果不能勇于了解自己的问题，不敢面对成长过程中的问题，那就意味着对自己的否定。这种否定会引发一系列问题，比如影响个体的自信心、自尊感，令个体产生自卑感。这些不良情绪又会反过来影响个体的言行。在周而复始的恶性循环中，个体会陷于极度困扰中，严重者甚至无法自拔，失去追求成功的信心和力量。

实际上，不完美就是前进的动力。它推动着我们不断提升和改变自己。在不断地提升和改变的过程中，我们不断地感知、体验和学习，找到自己的独特之处，从而发自内心地接纳自己，进而承担起自己的使命，抵达预期的目标。

Monica 是一个黑黑瘦瘦的女孩，身高不到一米五。用她自己的话来说，从小到大，她一直饱受外型的困扰。工作之后，经过修饰的外貌，让她的自信心增强了不少。然而，身材却一直是她的伤痛。因为个子矮，不但让她时常受到忽视，甚至找男朋友也成了大困难。原本钟情的男孩，在见过对方的亲友之后，最后却不了了之。前几天，她和一个老同事去见一位客户，对方竟然错将她当成同事的孩子，那一刻，Monica 感觉自己快疯了。回到家，看着镜子里的自己，她忍不住失声痛哭。

然而，在心理医生 Mike 看来，Monica 实际上是一个相当有魅力的女孩。她虽然皮肤黑，但五官比较精致；个子娇小，恰好让她多了一份小巧玲珑的美。美中不足的是，一双眼睛缺乏神采。Mike 医生在了解情况后，知道导致 Monica 自卑的原因是她不能做到自我接纳。解决问题的关键在于自我成长。在接下来的几次治疗中，Mike 医生指导 Monica 尝试着发现自己的优点，接受自己。慢慢地，Monica 开始接受了自己的现状。等治疗接近尾声时，Monica 也发生了改变，能够接纳自己的她，变得有神采了，爱笑了，低沉沮丧的状态一扫而光。伴随着心灵的成长，她也变得越来越自信，不但收获了一份甜蜜的爱情，而且事业之路也越走越顺畅。

由此可见，个体要获得成长，不是去改变或者摆脱自己的过去，甚至一味地沉浸在过去的灰暗中，而是要勇于接纳甚至是欣赏自己独一无二的“扭曲”，如此才能越过阻碍，继续成长，并让生命的潜能绽放。当个体能发自内心地接纳自己时，就能真正地认识自己，分析自己的所长，发现自己的所短，科学地认识自己，学会扬长避短，进而成就自己。

尼克·武伊契奇（Nick Vujicic）是一位塞尔维亚裔澳大利亚籍基督教布道师。初遇尼克的人，或许首先会被他天生没有四肢的身躯震惊，但接触下来，你会被他自信的微笑和闪烁着动人神采的双眼吸引。尼克之所以能创造生命的奇迹，就在于他能勇于面对自己，接纳自己。

尼克没有四肢，只有躯干和头，整个人就如同一尊残破的雕像，全身唯一可用的是有两根脚趾的小脚，因此妹妹戏称他为“小鸡腿”。这样的外貌，令他的父母难受至极，他自己也相当难以接受。尤其是伴随着年龄的增长，每逢外出，他经常处于被围观的耻辱中，为此，他一度消沉，甚至曾经想自杀。后来，他意识到，躯体的现状是无法改变的，但心灵却可以自己成长。他开始振作起来，正视自己，理性地分析自己，发现自己的长处，接受自己的残缺，扬长避短地提升自己。

尼克有着富有磁性的嗓音，与众不同的人生经历，以及多年磨炼出来的异常坚韧的心智和丰富的阅历，这些为尼克提供了丰富的精神营养，弥补了他肉体上的缺陷。加之他思路清晰，语言幽默，于是在19岁的时候，在被拒绝52次之后，他抓住了开启人生之路的机会，超越了健全的大多数人，取得了非凡的成就——成为国际公益组织“没有四肢的生命”（Life Without

Limbs）创办人、全球知名的励志演说家。

尼克的成功告诉我们，有时候，你自认为的某方面的缺陷其实未必就是劣势，只要你能接受自己，善加利用，扬长避短，劣势同样会转换为你的优势。所以不必太过在意自己的缺陷，只要你能接纳不完美的自己，保持自己的本色，就能成就自己。

将目标内化于行动

注意（attention），是各种心理因素的共有特性，是心理活动对一定对象的指向和集中。它伴随着感知、记忆、思维、想象等心理过程而产生，指向性和集中性是注意的两个特征。个体只有让自己的注意保持指向性和集中性，才能确保注意的集中。而注意的集中，反映了个体专心于某一事物或活动时的心理状态，即形成注意力（专注力）。

保持良好的专注力，是大脑进行感知、记忆、思维等认识活动的基本条件，也是打开心灵之门的钥匙。这是因为，在正常情况下，个体会在专注力的作用下，使其心理活动朝向某一事物，并有选择地接受某些信息，抑制其他活动和其他信息，集中全部的心理能量用于所指向的事物。相反，一旦个体出现注意力分散或涣散，其心灵之门就会关闭，任何有用的知识信息就无法进入。为此，法国生物学家乔治·居维叶说:“天才，首先是注意力。”而这，也是灯塔效应的原理。

灯塔效应告诉我们，一艘船行驶在波涛汹涌的大海上，如果失去了灯塔的指引，就会迷失正确的方向，进而无法抵挡风暴的侵袭和暗礁的威胁。同样，个体的成长，如果缺少了指引方向的“灯塔”，就会变得鼠目寸光、故步自封，最终失去竞争力，迷失人生的方向。因此，个体的成长离不开灯塔——目标。

美国麻省理工学院的孟加拉籍学生萨尔曼·可汗为了帮助远在千里之外的妹妹学习，为她制作了讲授数学的视频。2004 年，一次偶然的机会，可汗发现，将自己录制的数学视频用以辅导学生能收到极好的效果。于是，他为自己确定了一个目标——为那些没钱接受教育的孩子提供免费的数学教学视频。就这样，他无数次地将自己关在衣帽间里，专注地录制数学教学视频。一年后，从小学数学到高中的微积分，再到大学的高等数学，整整 4800 个视频被录制出来。为了给这些视频资源安一个“家”，他又搭建了网站，取名为可汗学院。

可汗学院的视频课，因为简练生动，可以用 10 分钟的时间将一个数学概念讲得趣味盎然，受到了学生们的广泛欢迎。可汗学院也由此颠覆了美国的传统教育，掀起了一场数学教育的革命，可汗本人更被誉为“数学教父”。

伴随着可汗学院的声名鹊起，风投公司开始不断地主动找上门。可汗拒绝了。不是可汗不需要钱，可汗学院的发展实际上太需要钱了，但是，可汗的目标是将可汗学院办成一个公益项目，如果接受这些钱，他就会让自己的注意力——从关注让所有孩子，尤其是那些发展中国家的孩子，免费收看视频，学习知识——转移到创造更多的商业利润，就会更多地关注利益的得失。于是在注意力的分散中，他本人也将迷失于物欲横流的丛林中。

为了让可汗学院这艘船不在商海中迷失方向，唯一的前提就是专注于自己的目标。可汗坚持下去，收敛心神，全神贯注于这项事业。最终，他的坚持和执着获得了成功。可汗学院不但获得了安·杜尔这样的善心人士的帮助，而且先后得到了比尔·盖茨及其基金会的肯定和捐赠，谷歌公司的帮助也使其获得了实现目标的资金。

可汗及可汗学院的事例提示我们，专注于目标是如此重要。然而目标确定后，将目标化为行动更为重要。

研究人员曾进行过一项心理学实验：在一天的不同时段里为来自 83 个国家的约 5000 名志愿者发送消息，请他们记录自己的所思、所想、所做，然后回答他们的心情如何，所做和所想的事情是否一致，所想的事情是愉悦的、令人不快的还是中性的。实验结果表明，人们在醒着的时候，头脑里经常想的事情并非当下正在做的事，其时间的47%都在“开小差”。这样的行为，令个体产生情绪波动，从而削弱了做事的专注力。所以，当目标确定后，保持目标和行动的一致性，对于事情的成功相当重要。

约翰·戈达德出生于美国西部的一个乡村。这位清贫之家的少年，从小就确立了一个目标：“到尼罗河、亚马孙河和刚果河探险；登上珠穆朗玛峰、乞力马扎罗山和麦特荷思山；驾驭大象、骆驼、鸵鸟和野马；探访马可·波罗和亚历山大一世走过的道路……”归结到一点，他要成为一名探险家。从此，他将自己的目标牢记于心，并将目标逐步付诸实践，开始了将目标化为现实的漫漫征程。最终，他成了一名著名探险家。

有人问他是如何将注定的“不可能”的目标化为现实的，他微笑着如此回答道：“很简单，我只是让心灵先到达那里，随后，周身就有了一股神奇的力量，接下来，只需沿着心灵的召唤前进就好了。”

这里的“心灵先到达那里”，实际上就是打开心灵之门的钥匙——专注力。在人生的旅途中，要实现目标，登上理想之峰，领略美妙风景，一定要有专注力，以及有化目标为行动的勇气。

测试：你的人格特质

认识并了解自己，才能扬长避短，发现自己所长，认清自己所短，利于我们跳出心理怪圈，在竞争激烈的丛林中生存。而清楚自己的人格特质，利于个体更加精准地找到前进的方向。下面是十六型人格测试，它可以帮助我们更好地发现自己的人格特质，认清自己。

十六型人格测试，又称迈尔斯－布里格斯性格分类指标（Myers-Briggs Type Indicator，简称 MBTI）。它是美国的凯恩琳·布里格斯和她的女儿伊莎贝尔·布里格斯·迈尔斯，在瑞士心理学家荣格划分的人格的 8 种类型的基础上扩展出四个维度，再将每个维度分成两种类型，排列组合形成的 16 种不同的人格类型，用以对人格进行全面测定。

下面请来测一测自己的人格特质吧。测试时，请在选择后记下自己获得的 4 个英文字母（依题目顺序排列），然后看自己所属的人格特质。

1. 你现在已经筋疲力尽，因为你这一周每天都是永无止境地繁忙，而且不怎么顺利。你会如何过周末?

A. 我会打给朋友们，问他们有什么计划。听说有间不错的餐厅刚开业 / 有部看起来不错的喜剧最近上映了 / 密室逃脱的门票最近在打折。（E）

B. 我会打开手机的“勿扰模式”，并待在家看喜欢的电视

剧，玩玩游戏，一边看书一边泡澡放松身心。（I）

2. 这两段叙述哪个比较符合你?

A. 对我来说最重要的是此时此刻发生的事，我倾向于评估真实情况并且会注意细节。（S）

B. 事实都好无聊。我喜欢在脑海里上演即将发生的事，比起信息我更仰赖直觉。（N）

3. 你工作上的竞争对手正试着挖你，而你动摇了，因为那里的薪水更高，但这里的员工都很好相处。另外，你的部门主管给你暗示，他退休时会向老板推荐你升任。你会如何做决定?

A. 我会尽可能地了解有关竞争对手的所有信息，向我的人力资源经理寻求意见，并列出所有的好处和坏处。在这样的情况下，最好能以冷静的思考来分析一切论点和情况。（T）

B. 我会听从我的感觉，我的心比较重要。（F）

4. 距离你好朋友的婚礼还剩两周，你准备得如何?

A. 我一个月前就请好了乐手准备演奏我们最爱的歌曲 / 整理了他们俩的照片要串成一段爱的故事 / 写了一首诗要献给他们 / 准备好了我的礼服 / 预约了造型师和化妆师，我倾向全副武装。（J）

B. 干吗准备? 我在婚礼上一定能玩得开心的，我会即兴发表结婚致辞。最棒的事物都是随机发生的。（P）

答案解析

ESTJ：经理

你脚踏实地且公私分明，你希望所有事务都是计划、组织好的。最重要的是，你喜欢说服他人你是对的，并让他们以你的方式思考。你重视沟通，喜欢认识新朋友、参加聚会。

ENTJ：主管 / 队长

你的人生充满困难与挑战，你的勇气和冒险个性使你容易创造新机会；你也能够检视自己的能力及优缺点。你对新点子保持开放心态，你的想法正面，热爱运动。

ESFJ：老师

你容易与人相处，你在任何聚会都充满活力。你很细心，善于关照他人，即便你必须牺牲自己的时间。你喜欢独立作业，能在没有协助的情况下完成许多事。你只对亲近的人展现情绪。

ESTP：司法官 / 警长 / 消防局长 / 高级将官

对你而言，胜利是一切，你会用尽心力达成目标，即便得耗上肢体力量。你依循计划，无法忍受依赖及妥协。你是天生的斗士，能客观地评估困境并做出最快且最适当的反应。

ENFJ：心灵导师 / 教练

你情绪饱满，说话时有丰富的表情及肢体语言。你对他人情绪的共情能力极强，连最细微的假意都能被你察觉。你在一段感情中容易忌妒，没安全感。你经常能够事先准备好面对即将发生的事，因为你有能力提前感受它们。

ENTP：发明家

你是点子创造机，总是能创造新的事物；你的适应力极强，能采取不同的工作方式。你排斥传统及老掉牙的思想，常在你的专业领域及嗜好上做改变，成为创新的那一位。

ESFP：政治家

你善于在周遭环境发掘机会，也因此容易操纵他人。与人沟通时，你会把个人利益置于第一，但你能够让众人相信你是单纯的人，给人留下良好的印象。你把握此时此刻，不喜欢浪费时间；你要的是快速的结果，排斥官僚主义及繁文缛节。

ENFP：奋斗者

你精力充沛且充满好奇心，同时兼具外向者与内向者的特质，因此你并不是那么容易与人相处，但你拥有同理心，善于给予建议。你的想象力丰富，智商偏高；在快速变换的环境下你也能维持平衡。

INFP：治愈者

你是浪漫主义者，也是位梦想家，你总是将内心的和谐及自我认同摆在第一位。你大部分的思考都藏在内心最深处，但你能预见事物并理解他人。不管在什么场合，你都注重打扮；你偶尔会失去时间与现实的概念。

ISFP：作曲家 / 作家

你能在简单的事物中找到快乐，擅于应付日常琐事及单调的事物。你喜欢被需要的感觉，因此你常帮助他人，但鲜少介入他人的舒适圈；你无法忍受冲突，总是能娱乐别人，带来欢笑。你为人和善、实际、可靠，亦是位忠诚的伴侣。你接受这世界原本的面貌，不刻意去操弄或引导它。

INTP：建筑师 / 设计师

你是位理论家 / 哲学家，你不喜欢太多余的表现，总是追寻情绪上的宁静；你做决定时小心翼翼，能在过去、现在、未来之间做出精确分析。你对改变非常敏感，可以说不那么擅长适应新变化。你总是试着组织自己的信息、想法及点子，让自己紧绷起来。

INFJ：顾问 / 指导教授

你对感知他人及了解他人的情感十分在行，你能轻易嗅出他人的情绪及隐藏才能，这就是为何人们总是向你寻求意见。但其实你很脆弱，无法忍受敌意及缺乏他人关爱。你是直觉型的人，但你的直觉并不朝向外界，而是对内，因此你一生都不停地在学习，是“活到老，学到老”的实践者。

INTJ：鼓舞者 / 启发者

你拥有最富饶的内心世界，它总是能为你带来超棒的点子；你一心向上，也想同时推进所有人及一切事物。但你在与他人相处上有些困难，因为你总是刻意与人保持距离，以展现自己的独立性。

ISFJ：保护者

你无法忍受人与人相处时的虚情假意，你能马上辨认出“陌生人”并敬而远之；对于你信任圈里的人，你愿意为他们赴汤蹈火不求回报。你有一颗细腻的心，言行小心翼翼。你的主要目标是帮助他人，让他们幸福快乐。

ISTP：杂工

你注重技术，喜欢靠手艺完成事情。你做决定从不仓促，不允许自己犯错；做任何事你总是很准时，能在时限内完成任务。你用感觉来感知这个世界，你乐于沟通，不过一旦你没安全感便会拒绝沟通。

ISTJ：督察 / 调查员

设想周到、热爱沉思、有责任心是你的特质。你是值得信赖的对象，但你没那么容易相信外界讯息，总是会先仔细分析信息。你喜欢严谨的纪律，因此常被认为想法迂腐、食古不化；你从不活在梦中，而是当下。